普通高等教育通识类课程教材

计算机应用基础实践教程

主 编 杨海波 李烨平 周丽娟

副主编 俞炫昊 孟庆霞 陈天亨

中国水利水电出版社

www.waterpub.com.cn

·北京·

内 容 提 要

本书通过案例对学生进行面向计算机基本技能的培养,在学以致用思想的指导下,从实际应用出发,对学生进行计算机基础知识、基本技能的训练。本书从案例简介、案例制作、案例小结、拓展训练四个部分进行设置,指导学生在计算机上进行实践。

本书安排的案例具有很强的实用性和可操作性。其中包括计算机系统初识、数据编码与存储、Windows 10 基本操作、硕士论文编辑排版、复杂表格制作、邮件合并功能的使用、学生成绩表数据分析、学生成绩表数据处理、商品销售记录表数据统计与分析、商品销售图表的统计与分析、数据透视表和数据透视图的应用、演示文稿创新设计、演示文稿制作、会议流程演示文稿制作、网络连线实验、无线路由器的设置及 WPS Office 综合案例共十七个案例。每个案例都由一个具体的实例引入。为激发学生的学习热情和学习兴趣,所有实例均是日常工作或生活中遇到的实际问题。

本书适合高等院校非计算机专业的低年级学生使用,可作为计算机应用基础实践课程的教材,也可作为学习计算机基础知识、提高解决实际问题能力的参考书,还可作为计算机爱好者的自学用书。

本书配有素材文件,读者可以从中国水利水电出版社网站(www.waterpub.com.cn)或万水书苑网站(www.wsbookshow.com)免费下载。

图书在版编目(CIP)数据

计算机应用基础实践教程 / 杨海波,李烨平,周丽娟主编. -- 北京:中国水利水电出版社,2021.9(2022.10 重印)
  普通高等教育通识类课程教材
  ISBN 978-7-5170-9938-3

Ⅰ. ①计… Ⅱ. ①杨… ②李… ③周… Ⅲ. ①电子计算机-高等学校-教材 Ⅳ. ①TP3

中国版本图书馆CIP数据核字(2021)第183877号

策划编辑:崔新勃 责任编辑:陈红华 加工编辑:张青月 封面设计:梁 燕

书 名	普通高等教育通识类课程教材 计算机应用基础实践教程 JISUANJI YINGYONG JICHU SHIJIAN JIAOCHENG
作 者	主 编 杨海波 李烨平 周丽娟 副主编 俞炫昊 孟庆霞 陈天亨
出版发行	中国水利水电出版社 (北京市海淀区玉渊潭南路 1 号 D 座 100038) 网址:www.waterpub.com.cn E-mail:mchannel@263.net(万水) sales@mwr.gov.cn 电话:(010)68545888(营销中心)、82562819(万水)
经 售	北京科水图书销售有限公司 电话:(010)68545874、63202643 全国各地新华书店和相关出版物销售网点
排 版	北京万水电子信息有限公司
印 刷	北京建宏印刷有限公司
规 格	184mm×260mm 16 开本 12.5 印张 312 千字
版 次	2021 年 9 月第 1 版 2022 年 10 月第 3 次印刷
印 数	4001—4500 册
定 价	42.00 元

凡购买我社图书,如有缺页、倒页、脱页的,本社营销中心负责调换

前　言

　　"计算机应用基础"课程是各专业大学生必修的计算机基础课程，是学习其他计算机相关课程的基础课。通过多年的教学实践以及与其他高等院校同行的交流，同时参考教育部高等学校计算机基础课程教学指导委员会发布的《关于进一步加强高等学校计算机基础教学的意见》中有关"大学计算机应用基础"课程教学的要求，作者编写了本书。

　　本书的作者均长期从事计算机一线教学工作，有着丰富的教学经验。为了体现现代计算机基础教育的特色，作者对本书的编写方式进行了全新的设计。本书以培养能力为目标，本着实践性与应用性相结合、课内与课外相结合、学生与企业及社会相结合的原则，将实际操作案例引入教学。本书内容安排思路清晰、结构新颖、应用性强。

　　本书虽然为《计算机应用基础》一书的配套实践教程，但完全可以独立使用，有很强的通用性。书中的案例均选用典型实例，而并非是单纯的验证性实验案例。通过本书的学习，学生解决实际问题的能力可大大提高。本书具有实用性且不乏趣味性，使学生在提高学习兴趣的同时还可掌握相关的计算机基础知识和基本技能。

　　本书遵循由浅入深、循序渐进的原则，适合本科院校非计算机专业作为计算机基础实践教程使用，建议在大学一年级第一学期开设，也适合在实验室讲解，方便学生边听、边思考、边练习。

　　本书由杨海波、李烨平、周丽娟任主编，俞炫昊、孟庆霞、陈天亨任副主编。参与本书编写的还有纪淑芹、侯仲尼、毛宇婷等。全书由杨海波统稿。

　　在编写本书的过程中参考了相关文献资料，在此向这些文献资料的作者深表感谢。由于编者水平和经验有限，加之编写时间较仓促，书中难免有不足和疏漏之处，恳请读者和专家批评指正。

编　者

2021 年 4 月

目　　录

案例 1　计算机系统初识

- 了解计算机硬件系统和软件系统。
- 初步认识计算机的硬件系统和软件系统。

计算机系统的基本组成

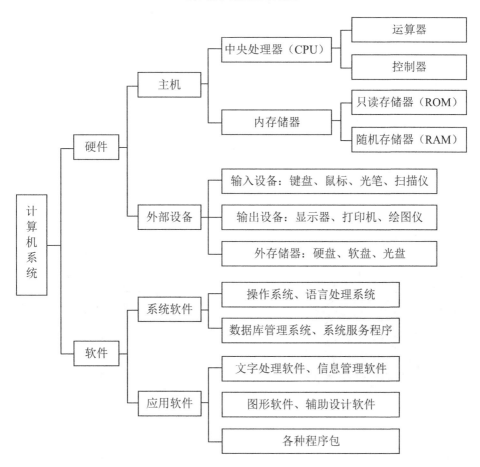

1.1　案例简介

教师利用多媒体给学生演示计算机的基本组成。

1.2　案例制作

1.2.1　认识计算机硬件

（1）显示器：计算机最主要的输出设备，图 1-1 所示为液晶显示器。

图 1-1　显示器

（2）主机箱：放置计算机其他硬件的设备。主机箱后面有许多设备接口，如图 1-2 所示。

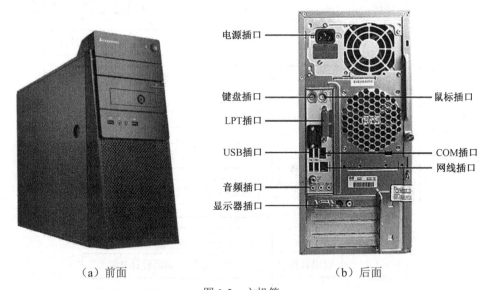

（a）前面　　　　　　　　　　　　　　　　　（b）后面

图 1-2　主机箱

主机箱内部主要硬件有电源、CPU、CPU 风扇、显卡、主板、硬盘、软驱（现在已很少用到）、光驱、光驱数据线、内存等，如图 1-3 所示。

（3）主板：计算机最重要的部件，上面安装了组成计算机的主要电路系统，拥有各种插槽和接口，如图 1-4 所示。主板的性能影响计算机的整体性能。

（4）CPU：即中央处理器，是一块超大规模的集成电路，是一台计算机的运算核心和控制核心，如图 1-5 所示。

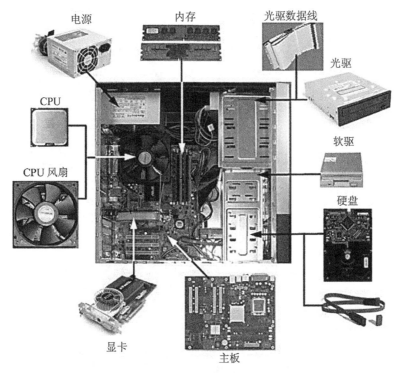

图 1-3　主机箱内部的主要硬件

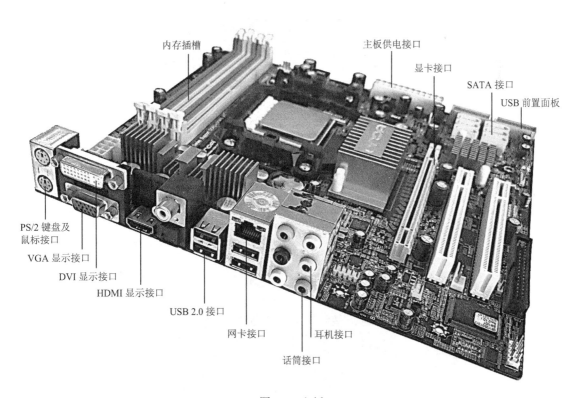

图 1-4　主板

图 1-5   CPU

（5）内存：位于系统的主板上，可以同 CPU 直接进行信息交换，其主要特点是运行速度快、容量较小，断电后内存中的数据会丢失，如图 1-6 所示。

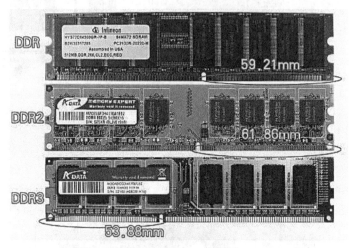

图 1-6   内存

安装和卸载内存前要先关闭计算机，再断开电源，然后再按开机键让电流都放干净。切记一定要断开电源，以防止静电损坏内存。

安装内存时要小心，注意内存条要与插槽的插口吻合，双手同时用力，将内存条平衡地插入槽中，听到"咔"的一声轻响就表示安装好了，如图 1-7 所示。

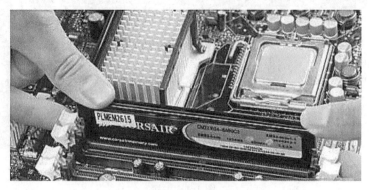

图 1-7   内存的安装

（6）硬盘：存储数据的主要设备，其特点是容量大，断电后数据不丢失，便于长久地保存数据。图 1-8 所示为机械硬盘及其内部结构，这里暂不对固态硬盘进行介绍。

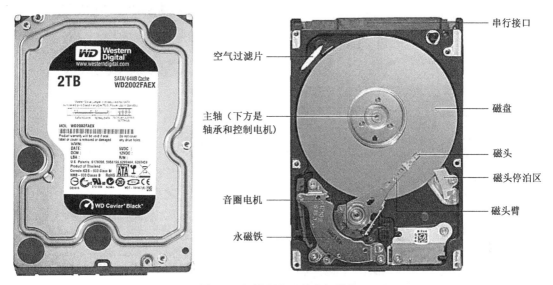

图 1-8　机械硬盘及其内部结构

（7）光驱：主要是利用激光原理存储和读取信息，如图 1-9 所示。利用光驱可以读取光盘中的信息，有刻录功能的光驱可以把计算机中重要的信息刻录在光盘上，便于保存和携带。

图 1-9　光驱

1.2.2　组装一台计算机

利用实验室提供的配件组装一台计算机，组装完成后，其可以通电并可点亮指示灯。每 5 人一组，分工协作。组装时要按操作规程和步骤小心安装，不要用力过大，避免损坏硬件。组装完成后，安装操作系统和相关应用软件。具体组装步骤如下：

（1）实验室提供的硬件有主机箱、电源、主板、CPU、CPU 风扇、内存、显卡、硬盘、数据线、光驱等，如图 1-10 所示。

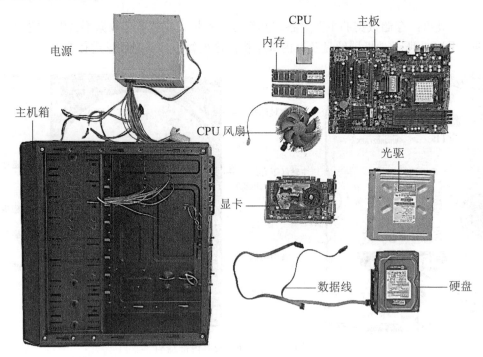

图 1-10　实验室提供的硬件

（2）把主机箱水平放置在台面上。根据主机箱相应的位置放置好电源，主机箱上的螺丝孔与电源上的螺丝孔相对应，然后用 4 枚螺丝拧紧即可，如图 1-11 所示。

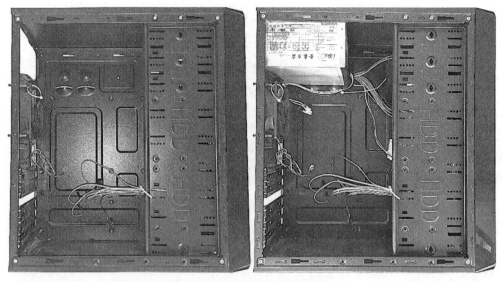

图 1-11　在主机箱中安装电源

（3）安装主板并插好主板供电电源线，如图 1-12 所示。

（4）安装 CPU 并涂抹导热硅脂。打开 CPU 底座上的压杆，CPU 管脚的方向应该与底座上管脚的方向一致，轻轻把 CPU 放入底座，并按下压杆锁定 CPU，然后在 CPU 表面涂上薄薄一层导热硅脂，如图 1-13 所示。

图 1-12　安装主板并插好主板供电电源线

图 1-13　安装 CPU 并涂抹导热硅脂

（5）安装 CPU 风扇。先把 CPU 风扇一边的金属扣套在支架的一侧锁扣上，然后压下另一边金属扣套在支架的另一侧锁扣上（有的 CPU 风扇是用螺丝锁紧的，安装时注意区别），并插好 CPU 风扇电源线，如图 1-14 所示。

图 1-14　安装 CPU 风扇

（6）安装内存条。把内存条上的金手指缺口和主板上内存插槽凸起部分对应好，同时按下内存条两侧，听到"咔"的一声轻响就表示安装好了（不同种类的内存条是不能混用的），如图 1-15 所示。

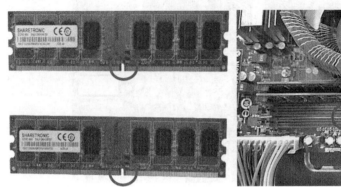

图 1-15　安装内存条

（7）安装显卡。把显卡对准主板上的 PCI-E 16X 插槽（普通主板只有一个 PCI-E 16X 插槽），轻轻按下，并用螺丝把显卡固定在主机箱上，如图 1-16 所示。

图 1-16　安装显卡

（8）安装硬盘。把硬盘放入硬盘托架中并锁紧，把硬盘托架用螺丝固定在主机箱硬盘架上，并插好硬盘的电源线和数据线，如图 1-17 所示。

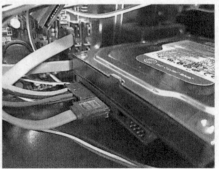

图 1-17　安装硬盘

（9）计算机组装完成的效果图如图 1-18 所示。

图 1-18　组装完成的效果图

1.2.3　认识计算机的软件

计算机软件系统包括系统软件和应用软件两大类。

系统软件包括操作系统、语言处理系统、数据库管理系统、系统服务程序等，一些系统软件的标识如图 1-19 所示。

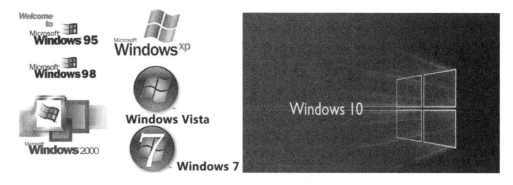

图 1-19　系统软件的标识

应用软件包括文字处理软件、信息管理软件、图形软件、辅助设计软件、各种程序包等，一些应用软件的标识如图 1-20 所示。

图 1-20   应用软件的标识

请同学们在官方网站下载或复制以上某一系统软件和应用软件的免费安装程序，并在组装好的计算机中进行安装和调试。下面以安装 MS Office 2016 为例演示软件安装过程。

（1）打开已下载或复制的 MS Office 2016 安装程序文件夹，如图 1-21 所示。

名称	修改日期	类型	大小
office	2015-08-16 21:48	文件夹	
autorun.inf	2015-05-27 22:52	安装信息	1 KB
setup.exe	2015-08-16 9:09	应用程序	404 KB

office2016 > MicrosoftOffice2016

图 1-21   MS Office 2016 安装程序文件夹

（2）双击 setup.exe 安装文件，安装程序运行界面如图 1-22 所示。

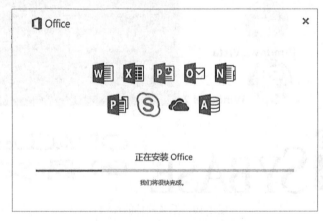

图 1-22   MS Office 2016 安装过程

当安装程序运行的进度条到 100%时，会出现安装完成界面，如图 1-23 所示。

图 1-23　MS Office 2016 安装完成

第一次启动 MS Office 2016 的任一组件会出现输入产品密钥的对话框，如图 1-24 所示。按要求输入密钥即可正常使用 MS Office 2016 的所有功能。

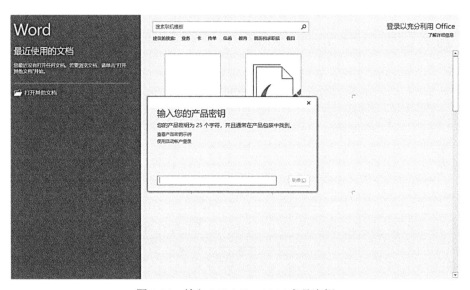

图 1-24　输入 MS Office 2016 产品密钥

1.3　案例小结

本案例让同学们对计算机系统有了初步的认识，对计算机的硬件和软件有了初步的了解。同学们还分组进行了组装计算机的实际操作。在组装硬件和安装软件过程中应注意如下事项：

（1）组装硬件不一定一次成功，通电后应注意观察所看到的提示及计算机发出的报警声音，然后分析并处理故障。

（2）安装系统软件和应用软件不一定一次成功，注意观察所看到的提示信息，根据提示信息更换软件版本或调整安装参数等。

1.4　拓展训练

（1）分组讨论在组装硬件和安装软件过程中所遇到的问题，并总结经验和教训。

（2）课后组织计算机组装大赛，进一步增进同学们对计算机硬件和软件的了解，掌握组装硬件和安装软件的技巧，激发同学们对计算机的兴趣。

案例 2 数据编码与存储

- 掌握二进制、八进制、十进制和十六进制数据相互转换的方法。
- 掌握数值数据在计算机中的表示方法。
- 掌握各种文字数据在计算机中的表示方法。
- 了解声音、图形、图像在计算机中的表示。

2.1 案例简介

教师利用 Binary Viewer 软件给学生演示计算机中数据编码与存储形式。

2.2 案例制作

2.2.1 查看图像和文本文件

在计算机中显示"中华有为"图片（来自新华网），如图 2-1 所示。

图 2-1 "中华有为"图片

图 2-2 所示为在计算机中用"记事本"程序打开的一个文本文件。

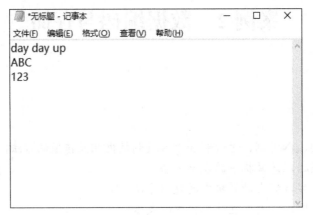

图 2-2   文本文件

2.2.2   查看文件的二进制编码

（1）打开"素材"文件夹中的 Binary Viewer 软件，然后在"工具（Tools）"菜单选择一种"语言"，如图 2-3 所示。

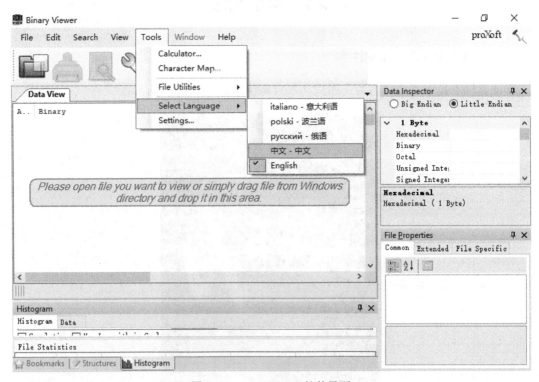

图 2-3   Binary Viewer 软件界面

（2）选择"文件"菜单的"打开文件"命令，如图 2-4 所示。

图 2-4　"打开文件"菜单命令

（3）选择"素材"文件夹中的"中华有为"图片。图 2-1 所示的图片在计算机中的二进制编码如图 2-5 所示。

图 2-5　图片的二进制编码

（4）同上操作，可得图 2-2 所示的文本文件在计算机中的二进制编码，如图 2-6 所示。

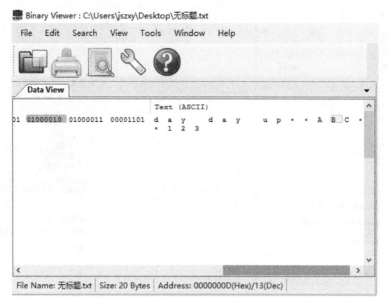

图 2-6　文本文件的二进制编码

2.3　案例小结

本节主要学习了利用 Binary Viewer 软件显示图像和文本文件在计算机中的数据编码与存储形式。

2.4　拓展训练

（1）二进制、八进制、十六进制相互转换。

$(11100101.1)_2 = (\qquad)_8$

$(11100101.011)_2 = (\qquad)_{16}$

$(1111001101.1101)_2 = (\qquad)_8$

$(1111001101.11001)_2 = (\qquad)_{16}$

$(57.4)_8 = (\qquad)_2$

$(164.23)_8 = (\qquad)_2$

$(5D.53)_{16} = (\qquad)_2$

$(ABC.9)_{16} = (\qquad)_2$

（2）二进制、八进制、十六进制转为十进制。

$(101.01)_2 = (\qquad)_{10}$

$(110101.011)_2 = (\qquad)_{10}$

$(1110010.101)_2 = (\qquad)_{10}$

$(10100111101)_2 = (\qquad)_{10}$

$(56.4)_8 = (\qquad)_{10}$

$(136.5)_8=(\qquad)_{10}$

$(AF.4)_{16}=(\qquad)_{10}$

（3）十进制转换为二进制、八进制、十六进制。

$(37.125)_{10}=(\qquad)_2$

$(37.125)_{10}=(\qquad)_8$

$(37.125)_{10}=(\qquad)_{16}$

$(66.875)_{10}=(\qquad)_8$

$(241.5625)_{10}=(\qquad)_{16}$

案例 3　Windows 10 基本操作

- 熟悉桌面对象及其基本操作方法。
- 掌握创建文件和文件夹的方法。
- 掌握使用文件资源管理器管理文件的方法。
- 掌握利用控制面板对系统进行配置的方法。
- 掌握 Windows 10 附件的使用方法。

3.1　案例简介

Windows 10 是由微软公司（Microsoft）开发的操作系统，应用于计算机和平板电脑等设备。相对于以往的版本，Windows 10 在易用性和安全性方面有了极大的提升，除了对云服务、智能移动设备、自然人机交互等新技术进行融合外，还对固态硬盘、生物识别、高分辨率屏幕等硬件进行了优化完善与支持。本案例主要介绍了 Windows 10 的界面组成和基本操作。

3.2　案例制作

3.2.1　桌面对象及其基本操作

步骤 1：鼠标的操作方法。

（1）移动：用右手握住鼠标，食指和中指分别轻放在鼠标的左键和右键上，不按鼠标键，在平面上移动，屏幕上可见一个空心箭头随鼠标的移动而移动。

（2）单击：当空心箭头指向某对象时，用食指按一次鼠标左键。

（3）双击：在某对象处快速地连续按鼠标左键两次。

（4）右击：在某对象处按一下鼠标右键。

（5）拖拽：当空心箭头指向一图标时，按住鼠标左键不放，移动鼠标，可见图标被拖拽移动。

步骤 2：桌面的组成及桌面的对象操作。进入 Windows 10 操作系统后，用户首先看到的是桌面，接下来首先介绍 Windows 10 桌面。桌面的组成元素主要包括桌面背景、桌面图标和任务栏等，如图 3-1 所示。

桌面背景可以是个人收集的数字图片、Windows 10 提供的图片、纯色或带有颜色框架的图片，也可以显示幻灯片图片。Windows 10 操作系统自带了很多漂亮的背景图片，用户可以从中选择自己喜欢的图片作为桌面背景。除此之外，用户还可以把自己收藏的精美图片设置为桌面背景图片。

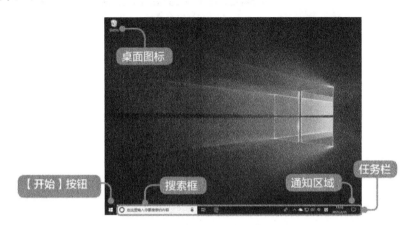

图 3-1　Windows 10 桌面的组成

步骤 3：打开桌面图标操作。Windows 10 操作系统中，所有的文件、文件夹和应用程序等都由相应的图标表示。桌面图标一般是由文字和图片组成，文字说明图标的名称或功能，图片是它的标识符。新安装的系统桌面中一般只有一个"回收站"图标。用户双击桌面上的图标，可以快速地打开相应的文件、文件夹或者应用程序，如双击桌面上的"回收站"图标，即可打开"回收站"窗口，如图 3-2 所示。

图 3-2　"回收站"窗口

步骤 4："任务栏"的操作。"任务栏"是位于桌面最底部的长条区域，显示系统正在运行的程序、当前时间等，主要由"开始"按钮、搜索框、任务视图、快速启动区、系统图标显示区和"显示桌面"按钮组成，如图 3-3 所示。和以前的操作系统相比，Windows 10 中的任务栏设计得更加人性化、使用更加方便、功能和灵活性更强。用户按"Alt+Tab"组合键可以在不同的窗口之间进行切换操作。

默认情况下，通知区域位于任务栏的右侧。它包含一些程序图标，这些程序图标提供有关传入的电子邮件、更新、网络连接等事项的状态和通知，如图 3-4 所示。安装新程序时，可以将此程序的图标添加到通知区域。

图 3-3　Windows 10 的任务栏

图 3-4　Windows 10 的任务栏

新安装的计算机的通知区域经常已有一些图标，而且某些程序在安装过程中会自动将图标添加到通知区域。用户可以更改出现在通知区域中的图标和通知，对于某些特殊图标（称为"系统图标"），还可以选择是否显示它们。用户可以通过将图标拖曳到所需的位置来更改图标在通知区域中的顺序以及隐藏图标的顺序。

步骤 5："开始"菜单的操作。单击桌面左下角的"开始"按钮或按下键盘上 Windows 徽标键即可打开"开始"菜单，左侧依次为用户账户头像、常用的应用程序列表及快捷选项，右侧为"开始"屏幕。

Windows 10 中，搜索框和 Cortana 高度集成，在搜索框中直接输入关键词或打开"开始"菜单输入关键词，即可搜索相关的桌面程序、网页、我的资料等，如图 3-5 所示。

图 3-5　Windows 10 的搜索框

3.2.2　创建文件和文件夹

1. 文件

文件是由创建者所定义的一组相关信息的集合。为了区别不同的文件，也为了方便文件的检索与使用，每个文件都有唯一的标识，称为文件全名。文件全名一般由文件名和扩展名组成，中间以"."作为间隔，即文件名.扩展名。

Windows 10 支持长文件名，文件全名最长可达 256 个有效字符。文件名中可以有多个分隔符，扩展名通常由 1～4 个有效字符组成，不区分大小写。

2. 通配符

在 Windows 10 系统下的文件名中，可以使用*和?表示具有某些共性的一批文件。*和?称为通配符，其中?代表任意位置的任意一个字符，*代表任意位置的任意多个字符。

例如：*.*表示所有文件，*.exe 代表所有扩展名为 exe 的文件，AB?.txt 代表所有以 AB 开头的文件名为三个字母的扩展名为 txt 的文件。

3. 文件夹

文件夹是用来组织和管理磁盘文件的一种数据结构，Windows 10 中采用多级树形结构来管理磁盘文件。一个文件夹中可以包含若干个子文件夹和文件。

（1）根文件夹。根文件夹隐含在一个磁盘分区中，一个磁盘分区中只能有一个根文件夹，根文件夹是最高一级的文件夹，也是 Windows 10 中唯一不能删除的文件夹，通常以\表示。

（2）子文件夹。文件夹下的文件夹称为子文件夹，子文件夹下还可以建立子文件夹。这种文件夹结构像一棵倒置的树，所以也称为树形文件夹结构。

（3）当前文件夹。当前文件夹是系统默认的操作对象。如果不指明文件夹，操作时仍在某个文件夹下寻找或建立文件，则这个文件夹就称为当前文件夹。

（4）路径。用户在磁盘上寻找文件时所历经的文件夹线路称为路径。路径又分为绝对路径和相对路径。

绝对路径：从根文件夹开始的路径，以\作为开始。

相对路径：从当前文件夹开始的路径。

（5）文件标识。完整的文件标识由三部分组成：盘符、路径和文件名。当文件所在的盘和路径恰好是当前盘和当前路径时，文件标识中的盘符和路径可以省略。

在桌面的空白处右击，在弹出的菜单中选择"新建"→"文件夹"命令，可以在桌面创建一个文件夹，选择其他的选项可以创建一个相对应的文件，如图 3-6 所示。

图 3-6　创建文件和文件夹

3.2.3　使用文件资源管理器管理文件

步骤 1：执行"开始"→"Windows 系统"→"文件资源管理器"命令将打开"文件资源管理器"窗口。Windows 10 的文件资源管理器采用双窗格显示结构，如图 3-7 所示。

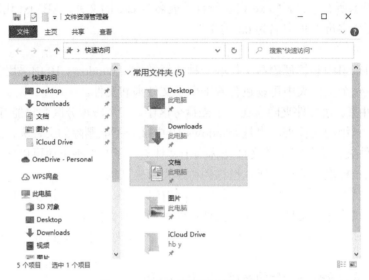

图 3-7　"文件资源管理器"窗口

左侧窗格的内容一般是由"快速访问""此电脑"和"网络"等组成，右侧窗格的内容由左侧窗格的选定项决定，也可以由"文件""主页""共享"和"查看"四个选项卡决定。当鼠标指向左、右窗格之间的分隔条时，鼠标指针变成双向箭头，拖拽鼠标可以改变左、右窗格的大小。

步骤 2：利用文件资源管理器，通过在文件上右击，可以对文件进行"打开""编辑""新建""打印""剪切""复制""创建快捷方式""删除""重全名""属性"等操作，如图 3-8 所示。请逐一单击图 3-8 中的各项进行测试。

步骤 3：在文件资源管理器右侧窗格空白处右击，会出现如图 3-9 所示的文件操作菜单。

图 3-8　利用文件资源管理器管理文件

图 3-9　文件操作菜单

3.2.4　利用控制面板对系统进行配置

步骤 1：执行"开始"→"Windows 系统"→"控制面板"命令，打开"控制面板"窗口，如图 3-10 所示。

图 3-10　"控制面板"窗口

控制面板是 Windows 10 进行系统配置的应用程序，通过它可以完成系统的各项参数设置、硬件设置、服务设置、数据源设置及桌面设置等。

在默认状态下，控制面板的"查看方式"是以"类别"进行显示。在"查看方式"下拉列表中选择"大图标"或"小图标"，可以用图标的方式进行显示，如图 3-11 所示。

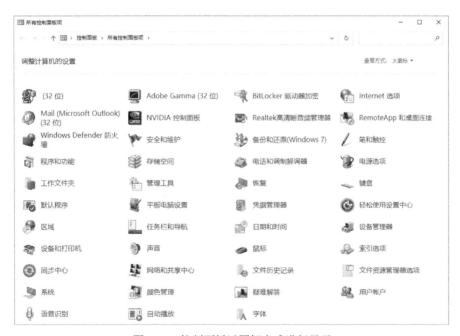

图 3-11　控制面板以图标方式进行显示

步骤2：双击任意一个图标就会进入相应的系统设置程序，进入设置程序后就可以对系统的相应功能进行设置了。

3.2.5 Windows 10 附件的使用

在 Windows 10 附件中，画图程序是一款简单的位图编辑软件，它可以完成简单的图形文件的创建、编辑等操作。写字板程序是一款比较专业的文本编辑软件，在此应用程序中可以进行的操作包括文件创建、文本编辑、文件打印、文件保存等。

步骤1：执行"开始"→"Windows 附件"→"画图"命令，运行画图程序。画图程序界面如图 3-12 所示。

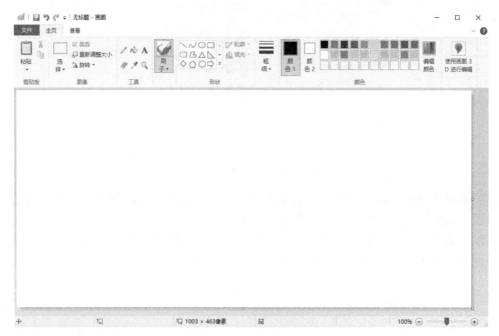

图 3-12　画图程序界面

步骤2：画图软件中有"裁剪""选择""旋转""铅笔""用颜色填充""文本""橡皮擦""颜色选取器""放大镜""刷子"等工具，如图 3-13 所示。请逐一单击各工具进行测试。

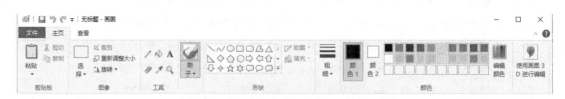

图 3-13　画图程序中的工具

步骤3：执行"开始"→"Windows 附件"→"写字板"命令，运行写字板程序。写字板程序界面如图 3-14 所示。

利用写字板程序可以对文字进行字体格式设置、段落设置等，并且可以对文档进行打印预览。若打印预览没有问题，可以通过打印机等输出设备将文档打印输出，如图 3-15 所示。

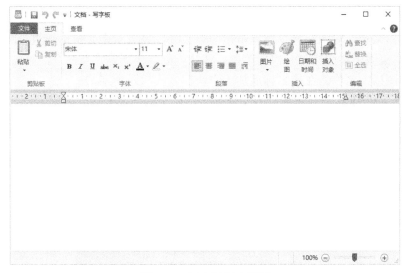

图 3-14　写字板程序界面

图 3-15　利用写字板程序对文档进行打印输出

3.3　案例小结

本节学习了 Windows 10 基本操作，包括熟悉桌面对象及其相关的基本操作，如何创建文件和文件夹，使用文件资源管理器管理文件，利用控制面板对系统进行配置，Windows 附件的使用。结合对 Windows 10 操作系统的实际运用，熟练掌握 Windows 10 常用的各种操作。

3.4　拓展训练

（1）双击桌面上"此电脑"图标，找出其窗口的基本组成部分。

（2）将鼠标指针移到桌面某图标上，右击打开快捷菜单，选择"重命名"命令，此时该图标的名称反白显示，输入新名字后单击桌面空白处，完成对桌面图标的重命名。

（3）右击桌面上某图标打开快捷菜单，选择"创建快捷方式"命令，则在原图标附近立即出现一个新图标，名称为在原名称后加上"快捷方式"四个字。

（4）在计算机 D 盘上创建自己的文件夹（以中文姓名为文件夹名称）。

（5）复制 C:\Windows\Media 文件夹中的 5 个文件到（4）中创建的文件夹中。

（6）打开 C:\Windows 文件夹，以不同的排序方式排列图标并以不同的查看方式查看文件夹中的内容。

（7）在 D 盘创建如图 3-16 所示的树形文件夹结构。

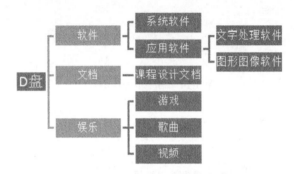

图 3-16　树形文件夹结构

案例 4 硕士论文编辑排版

- ● 掌握页面的设置方法。
- ● 掌握标题样式的使用方法。
- ● 掌握查找、替换的使用方法。
- ● 掌握图、表的自动编号功能。
- ● 掌握分隔符的使用方法。
- ● 掌握页眉和页脚的设置方法。
- ● 掌握目录的插入方法。

4.1 案例简介

我们有时会遇到需要制作长篇文档（比如论文、调查报告等）的情况。这时需要根据特定的格式要求对文档进行排版，使文章更加规范、整洁、美观。例如设置封面、标题、目录、页眉、页脚、参考文献、分节显示页码等。本节将以一篇硕士论文为例，按照长篇文档编辑排版的方式，在实际排版中详细讲解排版流程。

长篇文档排版的一般步骤如下：

（1）设置页面格式。

（2）设置标题和应用样式。

（3）样式的查找和替换。

（4）图、表的自动编号。

（5）分隔符的应用。

（6）设置页眉和页脚。

（7）插入目录。

4.2 案例制作

对文档各部分的要求如下：

1. 封面、中/英文摘要、目录、每章首页、结束语、致谢、参考文献：每部分单起一页。

2. 正文部分。

（1）正文：宋体、小四、首行缩进两个字符、单倍行距。

（2）一级标题（如，第一章、第二章等）：设为标题1、黑体、三号、加粗、居中。

（3）二级标题（如，1.1、1.2等）：设为标题2、宋体、四号、加粗、左对齐。

（4）三级标题（如，1.1.1、1.1.2 等）：设为标题 3、宋体、小四、不加粗，左缩进两个字符。

（5）中/英文摘要标题、结束语、致谢、参考文献标题设为一级标题。

3．封面：将"论文"两字设为黑体、小初、加粗、居中；其他内容设为宋体、三号、居中；段前 3.5 行、段后 10.5 行。（请在专业、姓名位置分别写上班级和姓名。）

4．目录：自动生成目录（在英文摘要和第一章节之间）；"目录"两个字为一级标题。

5．中文摘要。

（1）正文：楷体、小四。

（2）关键词：宋体、四号、加粗。

6．英文摘要。

（1）正文：Times New Roman、小四。

（2）Keywords：Times New Roman、四号、加粗。

7．页眉和页脚。

（1）封面没有页眉、页脚。

（2）中、英文摘要页及目录页的页眉为"长春工业大学硕士论文"。

（3）各章页眉为各章的名称。

（4）中、英文摘要页及目录页的页码为大写罗马数字，如Ⅰ、Ⅱ等。页码置于页面底端居中。

（5）第一章到最后一章的页码为阿拉伯数字，如，1、2、3 等。页码置于页面底端居中。

（6）结束语、致谢、参考文献的页码为中文页码，如，壹、贰、叁等。页码置于页面底端居中。

4.2.1　页面设置

具体操作步骤如下所述。

步骤 1：打开 Word 2016，选择"文件"→"打开"命令，在计算机中选择"素材\硕士论文.docx"文档（见本书提供的素材文件）。

步骤 2：选择"布局"选项卡，在"页面设置"组中单击"纸张大小"，选择 A4 纸。由于页面的打印方式分单面打印和双面打印两种，因此装订线的设置也各有不同。单面打印可以不设置装订线位置，只需增加装订的边距宽度即可。

本文档以双面打印进行排版，故使用双面打印的装订线设置方法。设置方法如下：在"页面设置"组中单击"页边距"→"自定义页边距"按钮，打开"页面设置"对话框，在其中的"页边距"选项卡的"页边距"组中定义页边距上、下、左、右的值分别为 2.7 厘米、2 厘米、2.5 厘米、2.5 厘米，装订线位置为左，装订线宽为 1 厘米，纸张方向选择"纵向"，单击"确定"按钮，如图 4-1 所示。

图 4-1　"页面设置"对话框

4.2.2　标题样式的使用

标题样式是指用有意义的名称保存的字符格式和段落格式的集合。通过定义常用样式可以使同级的文字呈现风格的统一，同时可以对文字快速套用样式，简化排版工作。Word 文字处理软件中许多自动化功能都需要使用样式功能。Word 文字处理软件中已经定义了大量样式，如图 4-2 所示，在使用中我们通常只需要对预定义样式进行适当修改即可满足需求。对于常用的样式，可以先将其定义到一个模板文件中，也可以创建属于自己风格的模板，以后只需基于该模板新建文档，就不需要重新定义样式了。

图 4-2　样式

本案例对标题和正文的格式要求见表 4-1，要求使用样式设置。

表 4-1　标题和正文格式要求

名称	字体	字号	对齐方式/缩进	间距
正文	宋体	小四	两端对齐	首行缩进 2 个字符，行距为单倍行间距
一级标题	宋体加粗	小三	居中对齐	段前间距 1 行，段后间距 0 行，单倍行距
二级标题	宋体加粗	四号	左对齐	段前间距 1 行，段后间距 0 行，首行缩进 1 个字符，单倍行距
三级标题	宋体	小四	左对齐	段前间距 0 行，段后间距 0 行，首行缩进 2 个字符，单倍行距
"中、英文摘要""结论""致谢""参考文献"	宋体加粗	四号	居中对齐	段前和段后间距均为 1 行，单倍行距，大纲级别为 1 级

步骤 1：在"开始"选项卡的"样式"组中右击"标题 1"样式，选择快捷菜单中的"修改"命令，如图 4-3 所示。

步骤 2：在弹出的"修改样式"对话框中可以修改样式名称、样式基准等属性。单击"修改样式"对话框左下角的"格式"按钮，通过弹出的快捷菜单可以定义该样式的字体、段落等，可以根据具体要求进行设置。设置完成单击"确定"按钮，如图 4-4 所示。

图 4-3 选择"修改"命令

图 4-4 "修改样式"对话框

步骤 3：根据以上操作修改正文和其他标题的样式。

步骤 4：设置"结论""致谢""参考文献"的标题样式。执行"开始"→"样式"→"其他"命令，在弹出的下拉列表中选择"创建样式"命令，如图 4-5 所示。

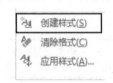

图 4-5 "创建样式"命令

步骤 5：在弹出的"修改样式"对话框中的"名称"输入框中输入"样式 6"，将"格式"设置为宋体、四号、加粗、居中，在"段落"对话框中设置"段前"和"段后"间距均为 1 行，单倍行距，大纲级别为 1 级，如图 4-6 所示。

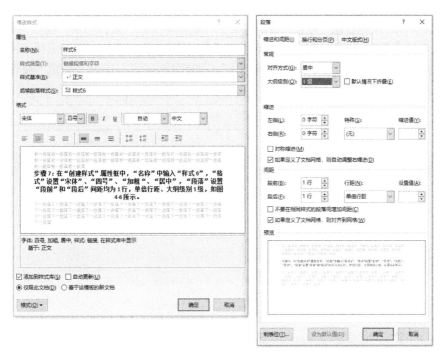

图 4-6　设置新样式

4.2.3　使用查找和替换设置其他标题行

步骤 1：单击"开始"选项卡，在编辑功能区下拉列表中选择"替换"命令。

步骤 2：在弹出的"查找和替换"对话框中选择"替换"选项卡，在"更多"项下勾选"使用通配符"复选框，如图 4-7 所示。

图 4-7　"查找和替换"对话框

步骤3：在"查找和替换"对话框中的"替换"选项卡下的"查找内容"输入框中输入"第?章"（?代表具体章数），将光标定位在"替换为"输入框，单击下拉按钮，选择"样式"命令，在弹出的"替换样式"对话框中选择"标题1"，如图4-8所示，单击"确定"按钮。

图4-8　替换设置

步骤4：单击"查找和替换"对话框中的"全部替换"按钮，然后在弹出的图4-9所示的对话框中单击"确定"按钮。至此一级标题的内容就全部设置完成。

图4-9　全部替换

步骤5：根据以上步骤操作完成二级标题和三级标题的设置。

4.2.4　图、表的自动编号（选做）

为文档中所有的图片和表格插入自动编号的题注。其中，图片的题注在图片下方居中位置，并且图片要按其在章节出现的顺序分章编号，如，第一章第一个图为"图1-1"，表格的题注在表格上方居中位置，也要按其在章节出现的顺序分章编号，如，第一章第一个表为"表1-1"。

题注就是给图片、表格、图表、公式等项目添加的编号和名称。例如，在本文档中的图片中，就在图片下面输入了图题注，这可以方便读者的查找和阅读。使用题注功能还可以保证在长文档中，图片、表格或图表等项目能够顺序地自动编号。如果移动、插入或删除带题注的项目时，可以自动更新题注的编号。

步骤 1：选中"1.3　本文的主要研究工作"中第一个图，选择"引用"→"题注"命令，弹出"题注"对话框，如图 4-10 所示。本案例由标签加编号组合而成，由于默认的"标签"中并没有"图 1-"的标签，需新建标签。

步骤 2：在"题注"对话框中单击"新建标签"按钮，弹出"新建标签"对话框，在"标签"栏输入"图 1-"，如图 4-11 所示。

图 4-10　"题注"对话框

图 4-11　"新建标签"对话框

步骤 3：单击"确定"按钮回到"题注"对话框，此时"题注"编辑栏已经显示"图 1-1"，如图 4-12 所示（可以在"标签"栏内输入对图片的描述）。在"位置"下拉列表中选择"所选项目下方"（对表格选择"所选项目上方"），再单击"确定"按钮。至此，所选图片的题注就插入在图的下方。

图 4-12　设置题注

步骤 4：当需要对第二个图添加题注时，只需要选中该图，然后选择"引用"→"题注"命令，在弹出的"题注"对话框中可以看到编号会自动增加，单击"确定"按钮后图的题注会自动插入在图的下面。

步骤 5：用上述的方法为文档所有的图片和表格添加题注。

4.2.5　分隔符的应用

节是一段连续的文档块，同节的页面拥有同样的边距、纸型或方向、打印机纸张来源、页面边框、垂直对齐方式、页眉/页脚、分栏、页码编排、行号等。如果没有插入分节符，Word软件默认一个文档只有一节，所有页面都属于这个节。所以，分节为页眉/页脚的基础，有关页眉/页脚的要求一般都要先通过分节才能实现，如，奇偶页的页眉/页脚不同等。

本文档分为 11 个部分，需要插入 10 个分节符：封面为第一节，摘要为第二节，目录为第三节，正文分为 5 部分，各占一节，结束语为第九节，致谢为第十节，参考文献为第十一节。

步骤 1：为了在插入分节符的时候能明确位置并看到提示文字，先设置编辑标记高亮显示，选择"开始"→"段落"→"显示/隐藏编辑标记"命令，如图 4-13 所示。

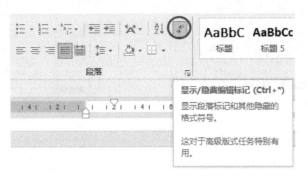

图 4-13　设置编辑标记高亮显示

步骤 2：将光标定位在"摘要"前，单击"布局"→"分隔符"，在弹出的下拉列表中选择"分节符"下的"下一页"，如图 4-14 所示。

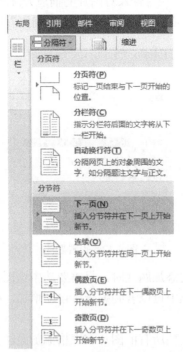

图 4-14　新增节设置

步骤 3：将光标定位在"第一章"前面，重复上述的插入分节符操作，可以看到在 ABSTRACT的结尾处出现"分节符（下一页）"的标记，如图 4-15 所示，表示分节符插入成功。重复插入分节符的操作为每个部分插入分节符。如果插入分隔符导致下一页多出一个无用的空行，删除该空行即可。

图 4-15　分节符设置完成

4.2.6　页眉和页脚的设置

1. 设置页眉

文档的格式设置要求是，封面不需要设置页眉，摘要、目录、文档正文部分的页眉设置如下：字体为宋体，五号，居中对齐。

步骤 1：选择插入页眉的页面，单击"插入"→"页眉和页脚"→"页眉"，如图 4-16 所示。

图 4-16　页眉设置

步骤 2："封面"不需要设置页眉，将"摘要"页眉处的"链接到前一节"高亮显示取消，如图 4-17 所示。

图 4-17　取消"链接到前一节"的高亮显示

步骤 3：输入页眉内容并在"开始"选项卡中设置格式。

步骤 4：页眉上会出现页眉横线，如果不想使用页眉横线，可以在"开始"选项卡的"段落"功能区中的"页面边框"中进行设置，单击"关闭"按钮退出页眉设置。

步骤 5：各章节的页眉设置可以通过在章节第 1 页的页眉编辑状态单击"设计"选项卡，选择"文档部件"→"域"→"域名"→StyleRef→"标题 1"命令来实现，如图 4-18 所示。用类似方法可以很方便地完成其他章节的页眉设置。

2. 设置页脚

按文档页脚的格式要求，封面不能出现页码；摘要、目录的页脚居中设置页码，页码格式为连续的大写罗马数字；章节以后的部分，页脚居中设置页码，页码格式为连续的阿拉伯数字，字体为 Times New Roman、小五。

步骤 1：单击"插入"→"页眉和页脚"→"页脚"，在弹出的下拉菜单中选择"编辑页脚"命令进入页脚的编辑状态，如图 4-19 所示。将光标定位到"摘要"页的页脚处，取消"链接到前一节"高亮显示。

图 4-18　设置页眉

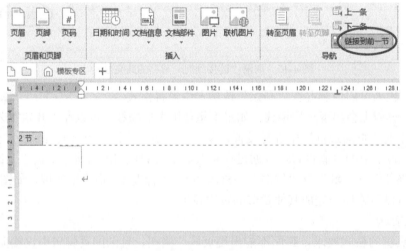

图 4-19　设置页脚

步骤 2：单击"页眉和页脚"组中的"页码"按钮，在弹出的快捷菜单中选择"页面底端"→"普通数字 2"命令。再次单击"页码"按钮，在弹出的快捷菜单中选择"设置页码格式"命令，在弹出的"页码格式"对话框中的"编号格式"下拉列表中选择"I,II,III,…"，在"页码编号"的"起始页码"中选择 I，如图 4-20 所示。

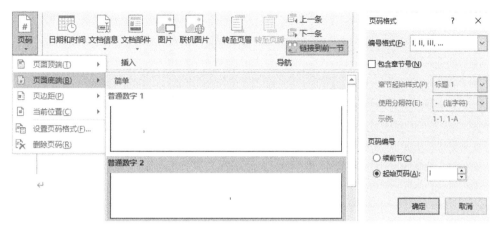

图 4-20 设置页码

步骤 3：将光标定位到章节"第 1 页"的页脚，单击"插入"→"页码"→"设置页码格式"，在弹出的"页码格式"对话框中的"编号格式"下拉列表中选择"1,2,3,…"，在"页码编号"的"起始页码"中选择 1，然后单击"确定"按钮，如图 4-21 所示。

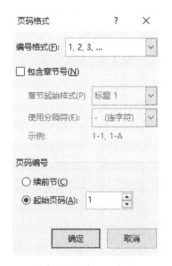

图 4-21 插入页码

步骤 4：单击"开始"选项卡，设置字体为 Times New Roman，小五。最后单击"关闭"按钮退出页脚设置。其他节的页码可以参照以上步骤进行设置。

4.2.7 目录插入方法

当整篇文档的格式、章节号、标题格式和题注等全部设置完成后，就可以生成目录了。目录的内容是 Word 软件从文档中抽取出那些带有级别标题的段落自动生成的。

1. 创建文档目录

步骤 1：把光标定位到需要插入目录的位置，本案例中目录位置在英文摘要和章节之间，即为"第一章　绪论"标题前。单击"引用"→"目录",在弹出的下拉菜单中选择"自动目录 1"命令,如图 4-22 所示。

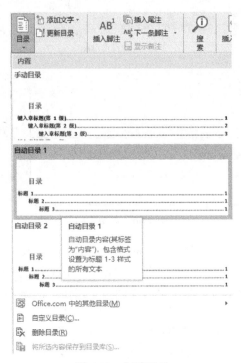

图 4-22　创建目录

生成的目录效果如图 4-23 所示。

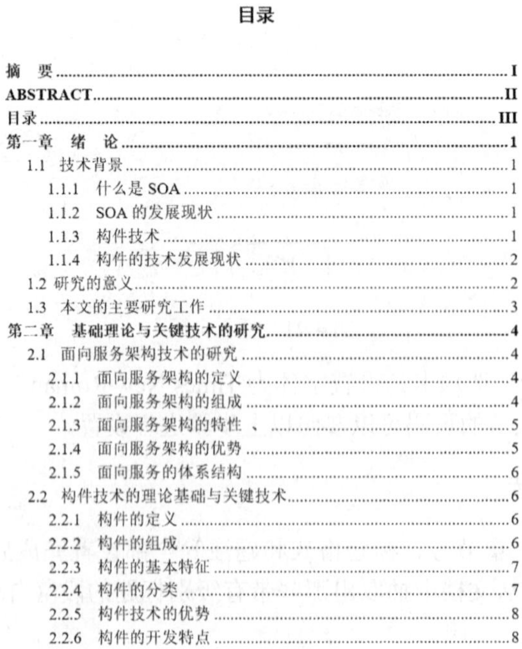

目录

图 4-23　生成的目录效果图

步骤 2：如果想突显个性化设置，可以在图 4-22 中选择"自定义目录"命令进行设置。执行该命令后，在弹出的"目录"对话框中的"打印预览"区域可以看到目录的预览效果，通过设置"显示页码""页码右对齐""制表符前导符""显示级别""格式"和"使用超链接而不使用页码"各项可以设置目录的样式，如图 4-24 所示，设置好后单击"确定"按钮，即可自动生成目录。

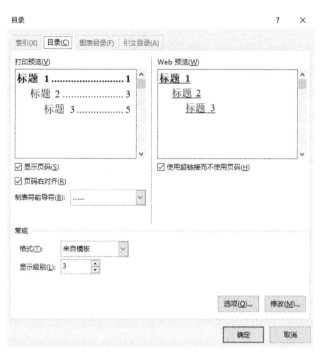

图 4-24　自定义目录

此外，目录还具备更新功能。当文档的章节改动导致页码与目录不一致的时候，可以右击目录，在弹出的菜单中选择"更新目录"命令。如果只是页码改动，只需在弹出的"更新目录"对话框中选择"只更新页码"单选按钮即可；如果章节内容有增减则选择"更新整个目录"单选按钮，如图 4-25 所示。

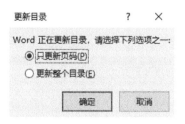

图 4-25　"更新目录"对话框

2. 创建图、表目录（选做）

在文档目录的下方再插入一个图、表目录。

步骤 1：将光标定位在需要创建图、表目录的位置。

步骤 2：单击"引用"→"题注"→"插入表目录"，打开"图表目录"对话框。

步骤 3：在"图表目录"选项卡的"题注标签"下拉列表中选择要创建索引的内容对应的题注"图 1-"，如图 4-26 所示。

图 4-26　"图表目录"对话框

步骤 4：单击"确定"按钮即可完成图目录的创建，然后在目录上方相应的居中位置输入"图目录"，设置字体为宋体、10 磅，同时也可以选中目录的文字，设置文字和段落格式，使目录更美观。

步骤 5：重复一次插入图表目录的操作（插入"表目录"），在"题注标签"下拉列表中选择要创建索引的内容对应的题注"表 1-"。操作完成后的效果如图 4-27 所示。

图 4-27　图表目录效果图

4.3　案例小结

本节学习了长文档的编辑排版，读者应对 Word 文档的样式设置及使用、节的插入、页眉/页脚的设置、题注的插入、目录的插入等操作有了深入的了解和熟练的掌握。在长文档的排版过程中应注意如下事项：

（1）要对整个文档（正文）的字体、字号、缩进方式等进行设置。

（2）排版时，要设置好标题样式，一般设置的样式主要是三种：标题 1，标题 2，标题 3。

（3）正文的图、表无缩进居中，图、表的标题居中，其他样式自定义；图的图号和图名位于图的下方，表的表号和表名位于表的上方。

（4）将封面、摘要、目录和正文各部分各设为独立的一节。

（5）自动抽取文档目录，一般生成三级目录。

（6）长文档可分为单面和双面打印格式来进行排版，根据打印格式的不同调整奇偶页，每一节的页眉、页脚断开链接，封面没有页眉，也不显页码。

（7）检查分节后的页眉、页脚、页码设置是否正确，目录是否需要更新。

4.4　拓展训练

参照案例 4，对文本文件"会议报告.docx"进行排版，排版的格式要求如下所述。

1．报告页面设置

（1）设置纸张大小为 A4。

（2）设置页边距为上、下各 2.5 厘米。

2．封面格式设置

（1）设置"会议报告"四个字的格式：黑体、二号、加粗，字符间距加宽 8 磅，居中，段前 12 行，段后 6 行。

（2）设置报告题目的格式：三号、加粗、居中。

3．中文摘要格式化

（1）摘要标题：三号、加粗、居中，行距为固定值 20 磅。

（2）"摘要"两个字：小三、加粗、居中，段前和段后间距均为 0.5 行。

（3）摘要正文：小四，首行缩进两个字符。

（4）摘要关键词："关键词"三个字的格式为四号、加粗。

4．报告内容格式化

（1）报告正文（包含结束语部分）：小四，首行缩进两个字符。

（2）报告一级标题（必须使用样式进行设置）：宋体（中文字体）、Arial（英文字体），小三、加粗，段前和段后间距均为 1 行，首行无缩进，行距为固定值 20 磅，大纲级别 1 级。

（3）报告二级标题（必须使用样式进行设置）：宋体（中文字体）、Arial（英文字体），四号、加粗，段前和段后间距均为 0.5 行，首行缩进 1 个字符，行距为固定值 20 磅，大纲级别 2 级。

（4）报告三级标题（必须使用样式进行设置）：宋体（中文字体）、Arial（英文字体），小四、加粗，段前和段后间距均为 0 行，首行缩进 2 个字符，行距为固定值 20 磅，大纲级别 3 级。

（5）结束语标题：四号、加粗、居中，段前和段后间距均为 1 行，首行无缩进，大纲级别 1 级。

5．报告分节处理

（1）封面为一节。

（2）中文摘要为一节。

（3）目录为一节。

（4）报告正文为一节。

6．设置页眉和页脚

（1）封面、中文摘要和目录无页眉和页脚。

（2）报告正文页眉：奇数页的页眉内容为"会议报告全文"，偶数页的页眉内容为"不忘初心，牢记使命"；页眉字体格式为宋体、小五。

（3）报告正文页脚：在页脚中插入页码，页码编号从 1 开始，格式为"第×页"（例如"第 1 页"），奇数页的页脚左对齐，偶数页的页脚右对齐。

7．目录生成及目录格式化

在中文摘要和正文之间插入目录，目录样式为"自动目录 1"或"自动目录 2"。

案例 5　复杂表格制作

学习目标

- 掌握斜线表头的绘制方法。
- 掌握表格标题跨页设置的方法。
- 掌握利用公式或函数进行计算和排序的方法。
- 掌握复杂表格的制作方法。

5.1　案例简介

表格，又称为表，既是一种可视化交流模式，又是一种组织整理数据的手段。人们在通信交流、科学研究以及数据分析活动当中广泛使用各式各样的表格。各种表格常常会出现在印刷介质、手写记录、计算机软件、建筑装饰、交通标志等许多地方。根据上下文的不同，用来确切描述表格的惯例和术语也会有所变化。此外，在种类、结构、灵活性、标注法、表达方法以及使用方面，不同的表格之间也各有不同。

表格是由若干行和若干列组成，行列的交叉处称为单元格。单元格中可以插入文字、数字、日期和图形等信息数据。本节将通过对复杂表格的制作来讲解如何在 Word 文档中创建表格、合并和拆分单元格、调整单元格行高和列宽及美化表格的方法。

案例一：制作一个产品销售表，如图 5-1 所示，讲述斜线表头的绘制方法和表格标题跨页设置的方法。

姓名 ＼ 季度	一季度	二季度	三季度	四季度
李明	5641	7213	4364	7412
何亮	3648	4721	3564	4788
赵思	6458	6317	6012	6470
唐丽	4563	4852	5217	6781

销售额 季度 姓名	一季度	二季度	三季度	四季度
李明	5641	7213	4364	7412
何亮	3648	4721	3564	4788
赵思	6458	6317	6012	6470
唐丽	4563	4852	5217	6781

图 5-1　带斜线表头的产品销售表

案例二：使用案例一制作的产品销售表，讲述利用公式和函数进行求和、求平均值的计算，

并根据总计进行排序，如图 5-2 所示。

销售额 季度 姓名	一季度	二季度	三季度	四季度	总计	平均值
李明	5641	7213	4364	7412		
何亮	3648	4721	3564	4788		
赵思	6458	6317	6012	6470		
唐丽	4563	4852	5217	6781		

图 5-2　进行计算和排序

案例三：制作复杂表格“××市居住证申请表”，如图 5-3 所示。

××市居住证申请表

<table>
<tr><td>姓　名</td><td></td><td>民族</td><td></td><td>籍贯</td><td></td><td rowspan="3">照片</td></tr>
<tr><td>政治面貌</td><td>○中共党员 ○团员
○民主党派 ○其他</td><td>身高</td><td>cm</td><td>血型</td><td></td></tr>
<tr><td>文化程度</td><td colspan="3">○研究生 ○本科 ○大专（高职院校）○高中（中专、职校、技校）○初中 ○小学 ○文盲或半文盲</td><td>是否在读</td><td>○是
○否</td></tr>
<tr><td>公民身份号码</td><td colspan="6"></td></tr>
<tr><td>户籍所在地址</td><td colspan="6">省（直辖市、自治区）　　市（县、区）详址________</td></tr>
<tr><td>居住事由</td><td colspan="3">○务工 ○经商 ○务农 ○服务 ○因公出差 ○借读培训 ○治病疗养 ○投靠亲友 ○保姆 ○探亲访友 ○旅游观光 ○其他</td><td>入住日期</td><td colspan="2">年　月　日</td></tr>
<tr><td>本市居住地 址</td><td colspan="3">区/县　　街/镇　　路</td><td colspan="3">房屋编码</td></tr>
<tr><td>详址</td><td colspan="3">弄　　号　　室</td><td colspan="3"></td></tr>
<tr><td rowspan="3">就业信息</td><td>○就业
○投资、开业</td><td>职业</td><td></td><td>行业类别</td><td colspan="2">○党政机关 ○农林牧渔 ○制造加工 ○商业 ○教科文卫体 ○公用事业 ○交通运输 ○信息通信 ○财税金融 ○建筑 ○石油化工 ○生物医药 ○电力 ○餐饮 ○娱乐业 ○车辆维修 ○废旧收购 ○私营企业 ○家政服务 ○其他</td></tr>
<tr><td>工作单位名称</td><td colspan="5"></td></tr>
<tr><td>单位地址</td><td colspan="5"></td></tr>
<tr><td rowspan="2">被投靠人信息</td><td>与投靠人关系</td><td colspan="2"></td><td>姓名</td><td colspan="2"></td></tr>
<tr><td>公民身份号码</td><td colspan="5"></td></tr>
<tr><td rowspan="2">就读、进修信息</td><td>学校名称</td><td colspan="2"></td><td>入学时间</td><td colspan="2"></td></tr>
<tr><td>学校地址</td><td colspan="2"></td><td>预计结业时间</td><td colspan="2"></td></tr>
<tr><td>联系方式</td><td>固定电话</td><td></td><td>手机</td><td></td><td>电子邮件</td><td></td></tr>
<tr><td rowspan="4">同住人信息</td><td>关系</td><td>姓名</td><td colspan="4">证件号码</td></tr>
<tr><td></td><td></td><td colspan="4"></td></tr>
<tr><td></td><td></td><td colspan="4"></td></tr>
<tr><td></td><td></td><td colspan="4"></td></tr>
<tr><td>备　注</td><td colspan="6"></td></tr>
</table>

申请人签名：　　　　填表时间：　　年　　月　　日

图 5-3　“××市居住证申请表”样表

5.2　案例制作

5.2.1　操作要求

（1）制作一个产品销售表，掌握斜线表头绘制的方法和表格标题跨页显示的设置方法。

（2）利用公式和函数进行求和、计算平均值，并根据总计进行排序。

（3）掌握制作复杂表格的操作。

5.2.2　操作步骤

1. 创建表格

根据案例一的表格样式（图 5-1），创建一个 5 行 5 列的表格。

掌握以下两种创建表格的方法。

步骤 1：单击"插入"→"表格"，在弹出的下拉列表中选择 5×5 表格，如图 5-4 所示。

步骤 2：单击"插入"→"表格"，在弹出的下拉列表中选择"插入表格"命令，如图 5-4 所示，打开"插入表格"对话框，如图 5-5 所示。在"表格尺寸"区域中的"列数"和"行数"微调框中均输入 5，单击"确定"按钮即创建一个 5 行 5 列的简单表格（与步骤 1 所生成的表格是相同的）。

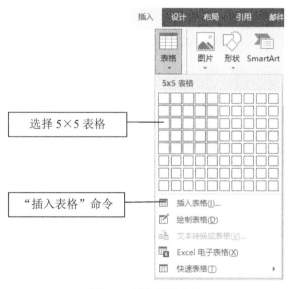

图 5-4　插入表格方法

2. 绘制斜线表头

表格的标题行也叫表头，通常是表格的第一行，用于对一些数据的性质进行归类说明。下面在表格第一行的第一个单元格绘制斜线表头。

步骤 1：将光标置于表格第一行的第一个单元格，在菜单栏将出现"表格工具"的"设计"和"布局"选项卡。

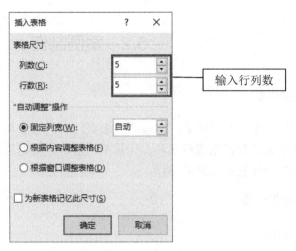

图 5-5 　"插入表格"对话框

步骤 2：为了让单元格有足够的区域绘制斜线表头，需要调整表格的行高和列宽。快捷调整表格行高和列宽的方法是，将指针移到需要调整行高和列宽的单元格边线上，光标变成 $\updownarrow$ 形状时可以调整单元格的行高，光标变成 $\leftrightarrow$ 形状可以调整单元格的列宽。请调整第一个单元格的行高和列宽到适合的大小。

步骤 3：将光标置于第一个单元格，选择"表格工具"→"设计"→"边框"→"斜下框线"命令，则会在该单元格绘制一根斜下框线，如图 5-6 所示。

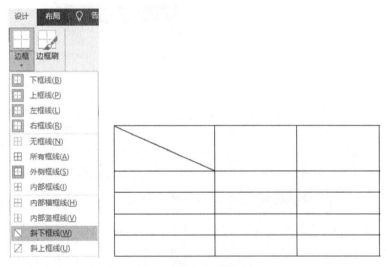

图 5-6 　绘制斜下框线

步骤 4：借助 Space（空格）键和 Enter（换行）键将表头的文字输入到表格，同时输入其他相应的数据进而完成两栏斜线表头的表格创建。

步骤 5：重复上述操作，再建立一个 5 行 5 列的表格，用于绘制三栏斜线表头。

步骤 6：当单元格内需要输入三栏内容时，需要利用"直线"和"文本框"的图形化排版方式完成三栏斜线表头的绘制。先绘制两根斜线，再插入"文本框"，输入表头内容后调整"文本框"的大小，并把"文本框"的"形状填充"和"形状轮廓"去掉，然后将其移到适当位置完成三栏斜线表头的绘制，如图 5-7 所示。

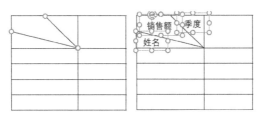

图 5-7　绘制三栏斜线

3. 表格标题跨页显示的设置

当行数很多时表格会跨页显示，跨页后表格的标题只会在第一页显示，这不方便查看表格（常常要回到第一页查看该列数据的标题），在 Word 文档中可以用标题跨页显示方法来解决该问题。

选中表格的标题行，单击"表格工具"→"布局"→"数据"→"重复标题行"即可设置跨页表格标题行重复显示，如图 5-8 所示。

注意： 如果经过上述操作之后，没有看到希望的表格效果，可能有以下两种情况：一种是表格并没有跨页，只有表格的内容至少在两页以上的时候，标题行重复显示的效果才会显现；另一种是表格已经跨页显示，但"效果"没有出现，此时只要单击"表格工具"→"布局"→"表"→"属性"，在弹出的"表格属性"对话框中选择"表格"选项卡，在"文字环绕"区域下选择"无"即可实现跨页表格标题行重复显示，如图 5-9 所示。

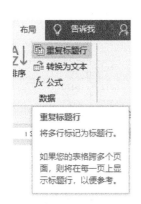

图 5-8　设置跨页表格标题行重复显示

图 5-9　表格跨页不显示标题行的解决方法

4. 利用公式或函数进行计算和排序

复制案例一的表格到新表格，在新表格的右侧增加两列，并完成求和及平均值的计算。

计算完成后按总计排序，完成案例二的表格制作。

（1）在表格右侧新增两列。

步骤 1：将光标置于第一行的最后一个单元格（内容为"四季度"）并右击，在弹出的菜单中选择"插入"→"在右侧插入列"命令，如图 5-10（a）所示。

步骤 2：插入新列后，再在新列处重复一次插入新列操作即可完成表格新增两列，然后在表头输入相应内容（"总计"和"平均值"），完成效果如图 5-10（b）所示。

销售\季度\姓名	一季度	二季度	三季度	四季度	总　计	平均值
李明	5641	7213	4364	7412		
何亮	3648	4721	3564	4788		
赵思	6458	6317	6012	6470		
唐丽	4563	4852	5217	6781		

（a）"在右侧插入列"命令   （b）完成效果

图 5-10　在单元格右侧插入两列

（2）计算总计。

步骤 1：将光标置于"总计"下方的第一个单元格，单击"表格工具"→"布局"→"公式"，弹出"公式"对话框，如图 5-11 所示。

"公式"文本框用于输入计算单元格的函数或者公式，系统会根据表格中的数据和当前单元格所在位置自动推荐一个公式，例如，=SUM(LEFT)。该公式是计算当前单元格左侧单元格的数据之和，SUM 是函数名（可通过"粘贴函数"功能将公式粘贴到"公式"文本框），LEFT 是函数的参数。常用的公式参数有 4 个，分别是左侧（LEFT）、右侧（RIGHT）、上面（ABOVE）和下面（BELOW），此外还可以用单元格地址代替参数。第一个人的总计计算完成后的效果如图 5-11（b）所示。

销售\季度\姓名	一季度	二季度	三季度	四季度	总　计	平均值
李明	5641	7213	4364	7412	24630	
何亮	3648	4721	3564	4788		
赵思	6458	6317	6012	6470		
唐丽	4563	4852	5217	6781		

（a）"公式"对话框   （b）第一个人的总计计算完成

图 5-11　"公式"对话框计算总计

注意：Word 表格与 Excel 表格有相似的地方，在表格中可以通过插入常用函数或者公式对数据进行简单计算。在计算前首先要了解 Word 表格的单元格结构。Word 表格的单元格结构与 Excel 的表格是类似的，每一行、每一列都有一个序号，行从 1 开始编号，列从 A 开始编号，所以第一个单元格地址为 A1。具体结构如图 5-12 所示。

"编号格式"是对用公式计算出的结果设定一个数据格式，例如 0.00 为保留两位小数。

	A	B	C	D
1	A1	B1	C1	D1
2	A2	B2	C2	D2
3	A3	B3	C3	D3
4	A4	B4	C4	D4

图 5-12　Word 表格的单元格地址

在"粘贴函数"下拉列表中可选择常用的函数粘贴到"公式"文本框。常用的函数有AVERAGE（计算平均值）、SUM（求和）、COUNT（计数）、MAX（求最大值）、MIN（求最小值）。

步骤 2：总计栏使用 SUM（求和）函数。因为四个季度的数据都在求和单元格的左侧，因此输入参数 LEFT。完成公式的编辑后单击"确定"按钮，即可得到计算结果。利用相同的方法计算其他人的销售总计。

（3）计算平均值。

步骤 1：计算平均值和计算总计的方法类似。将光标置于用于计算平均值的单元格中（"平均值"下方的第一个单元格），单击"表格工具"→"布局"→"公式"，弹出"公式"对话框。

步骤 2：将 Word 软件自动填入的 SUM(LEFT)删除，在"粘贴函数"下拉列表中选择AVERAGE，这时参数不能使用 LEFT，因为计算平均值的左侧单元格包含了总计，如果使用LEFT 作为参数会把总计也包含进来进行平均，计算结果是错误的，所以计算平均值的参数必须使用单元格地址。在"公式"文本框中输入=AVERAGE(B2:E2)，（B2:E2）表示对单元格 B2、C2、D2、E2 求平均值。

步骤 3：在"编号格式"项选 0.00，即计算结果保留两位小数，如图 5-13 所示。

销售＼季度＼姓名	一季度	二季度	三季度	四季度	总　计	平均值
李明	5641	7213	4364	7412	24630	6157.50
何亮	3648	4721	3564	4788		
赵思	6458	6317	6012	6470		
唐丽	4563	4852	5217	6781		

（a）计算结果保留两位小数　　　　　　　　（b）第一个人的平均值计算完成

图 5-13　计算平均值

注意：不管使用 SUM 还是 AVERAGE，都是使用函数的方式计算。上述两种方法也可以用公式（单元格的加、减、乘、除运算）代替，例如，总计可以写成=B2+C2+D2+E2，平均值可以写成=(B2+C2+D2+E2)/4。

（4）按总计排序。

步骤 1：将光标置于表中任意位置，单击"表格工具"→"布局"→"排序"，弹出"排序"对话框，如图 5-14（a）所示。

步骤 2：如果表格的第一行是标题行，此行不需要参与排序，需要选中"列表"区中的"有标题行"单选按钮，再在"主要关键字"的下拉列表中选择参与排序的"总计"列，在"类型"下拉列表中选择相应的排序内容的类型，对于中文字符有"笔画"和"拼音"两种，根据需要选择，然后再选择排序方式（"升序"或者"降序"），最后单击"确定"按钮完成操作，效果如图 5-14（b）所示。

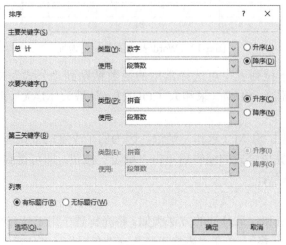

（a）"排序"对话框

销　售 姓名　　季度	一季度	二季度	三季度	四季度	总　计	平均值
赵思	6458	6317	6012	6470	25257	
李明	5641	7213	4364	7412	24630	6157.50
唐丽	4563	4852	5217	6781	21413	
何亮	3648	4721	3564	4788	16721	

（b）按总计排序的效果

图 5-14　按总计排序

5．复杂表格的制作

复杂表格主要用于信息统计、财务统计、申请表等相对专业的表格。这些表格往往行列交错、不对称且复杂，但只要掌握制作的技巧，制作起来也是很快捷的。

步骤 1：复杂表格的制作通常采用自上而下的方式，选取表格中大多数行中包含的列数来确定绘制起始表格的列数，根据表格的行数确定行数，以"××市居住证申请表"为例，其列数为 4 列，行数为 21 行。

步骤 2：绘制好粗略的表格后，开始一行一行地精修表格。以前 3 行为例，先调整行高，如图 5-15 所示。

图 5-15　调整行高

步骤 3：合并最后一列单元格，并调整列宽，如图 5-16 所示。

步骤 4：第一行的单元格共有 7 个，所以对前 3 个单元格进行拆分。将光标置于第一个单元格并右击，在弹出的快捷菜单中选择"拆分单元格"命令，在弹出的"拆分单元格"对话框的“列数”微调框中输入 2，在“行数”微调框中输入 1，单击“确定”按钮完成单元格的拆分，如图 5-17 所示。用类似的方法依次对后两个单元格进行拆分。完成后分别输入表格文字，并调整字体为黑体、字号为五号、单元格对齐方式为水平居中。

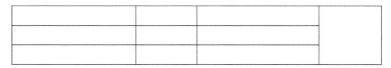

图 5-16 合并单元格并调整列宽

拆分单元格 ? ✕
列数(C): 2
行数(R): 1
拆分前合并单元格(M)
确定
取消

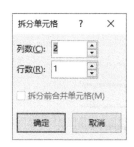

图 5-17 “拆分单元格”对话框

步骤 5：第二行的单元格也是 7 个，按上述方法拆分前三个单元格，输入文字，调整字体、字号和对齐方式，如图 5-18 所示。

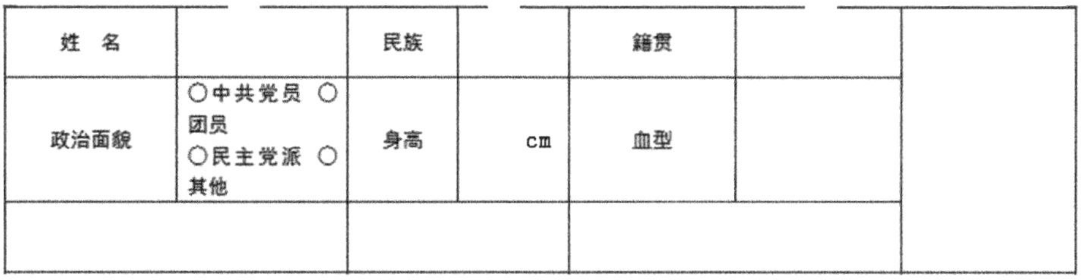

姓 名
民族
籍贯
政治面貌
○中共党员 ○团员
○民主党派 ○其他
身高
cm
血型

图 5-18 表格前两行的绘制

步骤 6：根据表格的布局调整第二行单元格的列宽，保证内容能正常显示。但是在调整列宽的过程中大家会发现，在调整第二行单元格列宽的同时第一行单元格的列宽也在改变，这是由于两行列之间的分隔线是对齐的原因，即不管是调整哪一行的列宽，两行的列宽都会相应进行调整。所以在调整列宽时必须要按住鼠标左键拖动选定所要调整列宽的两个单元格，然后再调整两个单元格之间的分隔线，这时就只有选定的这两个单元格的列宽发生改变，而不会影响其他行，如图 5-19 所示。

姓 名
民族
籍贯
政治面貌
○中共党员 ○团员
○民主党派 ○其他
身高
cm
血型
单独调整两个单元格

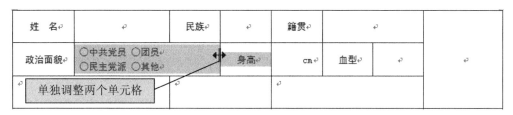

图 5-19 单独调整列宽

步骤 7：依据上述合并单元格、拆分单元格、调整单元格列宽的方法绘制表格的其他行。

步骤 8：绘制好表格后，需要改变表格的外框线为上粗下细。按住鼠标左键拖动选定表格的所有单元格，单击"表格工具"→"设计"→"边框"，在弹出的下拉列表中选择"边框和底纹"命令，打开"边框和底纹"对话框。

步骤 9：在"边框和底纹"对话框中的"设置"区域选择"自定义"，在"样式"区域选择上粗下细框线，在"预览"区域单击预览表格图示的外边框以修改表格的外框线，如图 5-20 所示。设置好后单击"确定"按钮即可完成对表格的编辑。

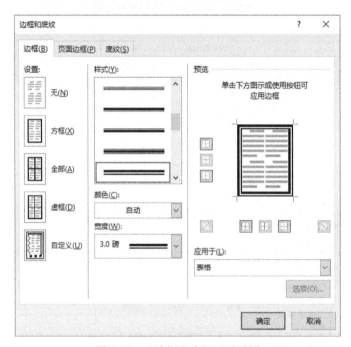

图 5-20   "边框和底纹"对话框

5.3   案例小结

本节主要通过三个具体例子讲解了复杂表格的制作，要求读者掌握创建表格、绘制斜线表头、表格标题行跨页设置、利用公式或函数进行计算、合并和拆分单元格、改变行高和列宽的方法。在学习时，应多观察实际生活中的各种各样的表格，结合实际需要设计出具有鲜明特色的表格。

5.4   拓展训练

新建"拓展训练.docx"文档，设置页边距上、下皆为 2.5 厘米，左、右皆为 1 厘米，并完成如下操作。

（1）按图 5-21 所示样表制作一个带斜线表头的表格，并对相关数据进行统计计算。

提示：增长率=2014 年数据÷2013 年数据*100%。

时间 费用项目 区域内容		2013 年		2014 年		增长率	
		整机	配件	整机	配件	整机	配件
北部	生产费用	1245	457	2457	547		
	管理费用	410	101	521	201		
	销售费用	2354	1023	3471	2414		
	总计费用						
南部	生产费用	2574	874	3101	897		
	管理费用	745	642	842	541		
	销售费用	4564	3201	4564	3101		
	总计费用						
南北部费用合计							
南北部费用平均值							

图 5-21　样表一

（2）在新的一页按图 5-22 所示样表制作一个复杂表格，标题字体为黑体二号字，表格内字体为宋体小四号字。

××市公共租赁住房申请表

申请人基本情况	姓　名		性　别		身份证号码												
	工作单位				单位地址												
	工作现状		□企业　　□个体工商户　　□灵活就业　　□退休　　□机关事业单位														
	婚姻状况		联系电话		户　籍 所在地												
	通讯地址				邮政编码												
	申请人类型		□主城区户籍城镇居民（含已转户的农村居民）　□大中专院校及职校毕业生　□引进人才　□全国、省部级劳模　□全国英模　□荣立二等功以上的复转军人　□其他进城务工人员　□其他外地来主城区工作人员														
	社会保险缴纳情况		养老　□是（缴纳时间＿＿年＿＿月至今）　　□否 医疗　□是（缴纳时间＿＿年＿＿月至今）　　□否														
	住房公积金缴纳情况		□是（缴纳时间＿＿＿年＿＿月至今）　　　□否														
	月收入		工薪收入＿＿＿＿元,财产性收入＿＿＿＿元,共计＿＿＿＿元。														
	家庭月收入		工薪收入＿＿＿＿元,财产性收入＿＿＿＿元,共计＿＿＿＿元。														
申请人住房情况	是否在主城区有私有产权房		□是（房屋坐落＿＿＿＿＿＿＿＿＿＿＿＿＿＿＿＿＿＿, 建筑面积＿＿＿㎡,户籍人数＿＿＿人,人均建筑面积＿＿＿㎡）　□否														
	是否在主城区承租公房或廉租房		□是（房屋坐落＿＿＿＿＿＿＿＿＿＿＿＿＿＿＿＿＿＿, 建筑面积＿＿＿㎡,户籍人数＿＿＿人,人均建筑面积＿＿＿㎡）　□否														
	申请之日前三年内在主城区是否转让住房			□是　　□否													
拟申请房屋情况	地　点			申请居住人数													
	申请方式		□家庭　　□单身人士　　□合租														
	户　型		□单间配套　□一室一厅　□二室一厅　□三室一厅	建筑面积 （㎡）													

图 5-22　样表二

	与申请人关系	姓名	性别	身份证号码	工作单位或就读学校	月收入	住房情况
共同申请人基本情况							□有□无
							□有□无
							□有□无
							□有□无
							□有□无
							□有□无

	备注：若住房情况选择"有"，请将房屋坐落、建筑面积、户籍人数填写如下： 房屋坐落_____，建筑面积_____㎡，户籍人数____人。

	直系亲属	姓名	身份证号码	主城区拥有住房情况		
				套数	建筑面积（㎡）	户籍人数
申请人直系亲属住房情况	申请人父亲					
	申请人母亲					
	申请人配偶父亲					
	申请人配偶母亲					
	子（女）					
	子（女）					
	子（女）					

图 5-22　样表二（续图）

案例 6　邮件合并功能的使用

- 了解邮件合并功能。
- 掌握邮件合并的方法。

6.1　案例简介

在实际工作中，经常要处理大量日常报表、信函、邀请函、会议通知、聘书、客户回访函等。这些文档的主要内容基本相同，只是部分信息有变化。为了减少重复工作，提高效率，可以使用 Word 的邮件合并功能。

进行邮件合并需要首先建立两个文档：一个是主文档，它包括报表、信函、邀请函、会议通知等共有的内容；另一个是数据源，它包括需要变化的信息，如姓名、地址、日期等。然后使用邮件合并功能在主文档中插入变化的信息，合成后的文档可以保存为 Word 文档并进行打印。

应用邮件合并功能除了能处理以上所述文档以外，还可以处理很多其他事务，如打印标签、信封、考号、证件、工资条、成绩单、录取通知书等。

6.2　案例制作

利用 Word 2016 的邮件合并功能制作一个文档，代表学院办公室向各系教师发送一批邀请函。邀请函的基本内容相同，只是被邀请的教师的姓名、职务职称、所在系不同。

具体操作如下所述。

6.2.1　建立主文档

新建一个空白文档，输入邀请函的内容并对字体和段落进行修饰，如图 6-1 所示，保存作为邮件的主文档。

图 6-1　主文档内容

6.2.2 准备数据源

制作并保存邮件的数据源，如图6-2所示。

编号	系别	姓名	职务职称	电话	通讯地址
1	基础	刘静	教授	××408365	长春大街××××号
2	广电	孙小天	主任	××562507	五云桥迎晖路××××号
3	数媒	张伟	书记	××315489	宽城区柳北一胡同
4	数艺	李天峰	教授	××625853	朝阳区明珠路××××号
5	基础	杨译	副教授	××425672	科贸大街三盛路××××号
6	广电	彭鑫刚	教授	××654221	高新区修正路××××号

图6-2 邮件的数据源

6.2.3 把数据源合并到主文档

步骤1：打开制作好的主文档，如图6-3所示。单击"邮件"→"开始邮件合并"，如图6-4所示，打开"邮件合并分步向导"。

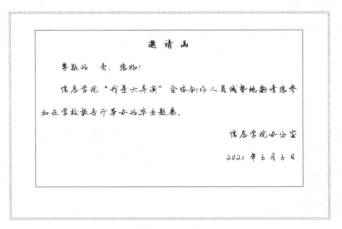

图6-3 打开主文档

图6-4 开始邮件合并

步骤 2：选择"信函"单选按钮，单击"下一步：开始文档"按钮，如图 6-5 所示。

步骤 3：选择"使用当前文档"单选按钮，单击"下一步：选择收件人"按钮，在弹出的图 6-6 所示的界面中选择"使用现有列表"单选按钮，然后单击"浏览"按钮，在弹出的"选择数据源"对话框中选择已经准备好的数据源，如图 6-7 所示。

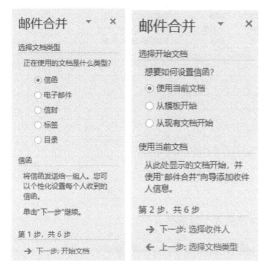

图 6-5　邮件合并分步向导　　　　　　图 6-6　"选择收件人"界面

图 6-7　"选择数据源"对话框

步骤 4：单击图 6-7 中的"打开"按钮将弹出"邮件合并收件人"对话框，如图 6-8 所示，单击"确定"按钮，返回"选择收件人"界面。

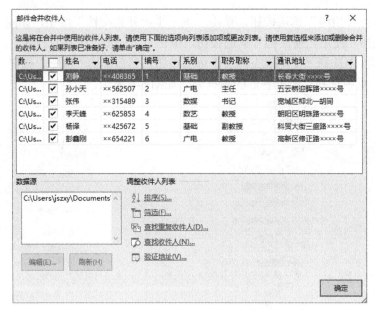

图 6-8　"邮件合并收件人"对话框

步骤 5：单击"下一步：撰写信函"按钮，弹出如图 6-9 所示界面。

图 6-9　"撰写信函"界面

6.2.4　合并域的使用

步骤 1：选择图 6-9 中的"其他项目"命令，弹出"插入合并域"对话框，把光标移到"主文档"中需要插入"系别"的地方，选择对话框中的"系别"，单击"插入"按钮，如图 6-10 所示。

步骤 2：重复步骤 1，在主文档相应的地方插入"姓名"和"职务职称"，如图 6-11 所示。

步骤 3：在图 6-9 中单击"下一步：预览信函"按钮，将弹出"预览信函"界面。若不需要修改信函内容，直接单击"下一步：完成合并"按钮，系统将弹出"完成合并"界面。本步操作示意如图 6-12 所示。

图 6-10　"插入合并域"对话框

图 6-11　按需要插入合并域

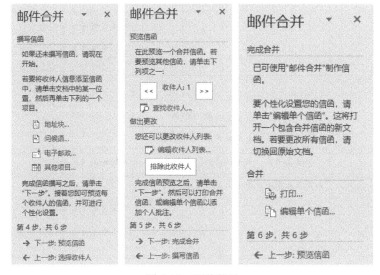

图 6-12　预览信函

步骤4：在"完成合并"界面单击"编辑单个信函"按钮，将弹出"合并到新文档"对话框，如图6-13所示，单击"确定"按钮。

图6-13　"合并到新文档"对话框

步骤5：此时会出现一个名字为"信函"的新文档。至此，使用"邮件合并"功能制作的邀请函便制作完成了，如图6-14所示。

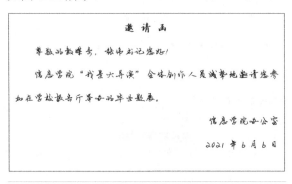

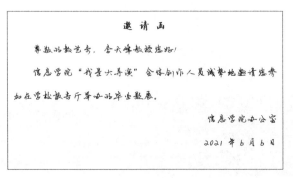

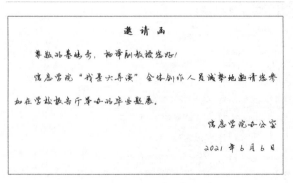

图6-14　生成的新文档

6.3 案例小结

本小节学习了邮件合并功能。该功能用于处理那些主要内容及格式都相同，只是部分具体信息有变化的文档。通过邮件合并功能可减少工作量，提高办公效率。

进行邮件合并通常包括 4 个步骤：

（1）创建主文档，输入内容不变的共有文本。

（2）创建或打开数据源，存放可变的数据。数据源是邮件合并所需要使用的各类数据记录的总称，可以是多种格式的文件，如 Word、Excel、Access 等。

（3）执行邮件合并分步向导中的各项命令。

（4）在主文档中所需要的位置插入合并域的名字；将数据源中的可变数据和主文档的共有文本合并，生成一个合并文档。

6.4 拓展训练

为案例中的邀请函制作信封，如图 6-15 所示。

图 6-15 邀请函信封

操作步骤如下：

步骤 1：单击"邮件"选项卡中的"中文信封"，将出现"信封制作向导"对话框，如图 6-16 所示。单击"下一步"按钮。

步骤 2：在弹出的"选择信封样式"界面中勾选四个复选框，如图 6-17 所示。单击"下一步"按钮。

步骤 3：在弹出的"选择生成信封的方式和数量"界面中选中"基于地址簿文件，生成批量信封"单选按钮，如图 6-18 所示。单击"下一步"按钮。

步骤 4：在弹出的"从文件中获取并匹配收信人信息"界面中单击"选择地址簿"按钮，选择在案例中创建的"邮件数据源（由 Word 表格转成 Excel 表格）"文件，如图 6-19 所示。单击"下一步"按钮。

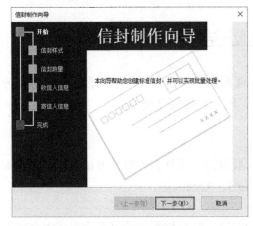

图 6-16   "信封制作向导"对话框

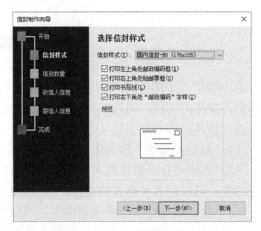

图 6-17   "选择信封样式"界面

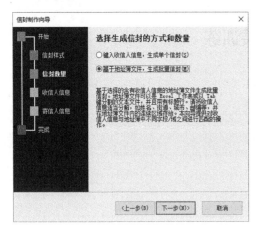

图 6-18   "选择生成信封的方式和数量"界面

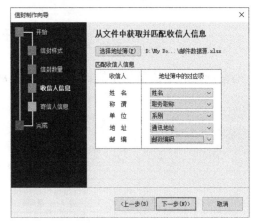

图 6-19   "从文件中获取并匹配收信人信息"界面

步骤 5：在弹出的"输入寄信人信息"界面输入相关信息，如图 6-20 所示。单击"下一步"按钮。

步骤 6：在弹出的界面中单击"完成"按钮，如图 6-21 所示。

图 6-20   "输入寄信人信息"界面

图 6-21   完成信封制作

步骤 7：此时会生成一个新文档，调整文档显示模式为"页面视图"，完成信封的制作。制作完成的信封效果如图 6-22 所示。

2 5 0 0 1 1							贴 邮 票 处

长春西南大街××××号

基础系

刘静 教授

北远达大街××××号 信息学院办公室 王小宁

邮政编码 130012

4 3 0 0 2 2							贴 邮 票 处

五云桥运晖路××××号

广电系

孙小天 主任

北远达大街××××号 信息学院办公室 王小宁

邮政编码 130012

6 2 0 0 5 5							贴 邮 票 处

宽城区柳河北一胡同

数媒系

张伟 书记

北远达大街××××号 信息学院办公室 王小宁

邮政编码 130012

5 9 0 0 6 6							贴 邮 票 处

朝阳区明珠越××××号

数艺系

李天峰 教授

北远达大街××××号 信息学院办公室 王小宁

邮政编码 130012

3 7 0 0 7 7							贴 邮 票 处

科贸大街三盛路××××号

基础系

杨译 副教授

北远达大街××××号 信息学院办公室 王小宁

邮政编码 130012

8 1 0 0 8 8							贴 邮 票 处

高新区修正路××××号

广电系

彭鑫刚 教授

北远达大街××××号 信息学院办公室 王小宁

邮政编码 130012

图 6-22　制作完成的信封效果图

案例 7　学生成绩表数据分析

- 掌握 SUM、AVERAGE、MAX、MIN、LARGE、SMALL 函数的使用方法。
- 掌握 IF 函数的使用方法。
- 掌握 RANK 函数的使用方法。
- 掌握 COUNT、COUNTA、COUNTIF 函数的使用方法。
- 掌握 FREQUENCY 函数的使用方法。

7.1　案例简介

在考试之后，最麻烦的事情莫过于统计和分析学生的众多科目的成绩了。利用 Excel 强大的函数功能和各种自动生成功能制作一个学生成绩统计通用模板，可以很好地解决这个问题。

7.2　案例制作

本节以学生成绩表为例，统计和分析学生的成绩数据。打开文件"学生成绩表.xlsx"（见本书提供的素材文件）完成如下操作要求。

（1）计算每位学生的总分（使用 SUM 函数）。

（2）计算每位学生的名次（使用 RANK 函数）。

（3）计算每位学生的总评（使用 IF 函数）。要求：总分大于等于 500 分的在"总评"列显示"优秀"，否则显示空格。

（4）计算每门课程的平均分（使用 AVERAGE 函数），结果保留 1 位小数。

（5）计算每门课程优秀率（90 及 90 分以上成绩所占的比例）和及格率（60 及 60 分以上成绩所占的比例），自定义公式计算（公式中可以使用 COUNTIF 和 COUNTA 两个函数），结果为保留一位小数的百分比样式。

（6）计算每门课程第一名成绩（使用 MAX 函数）和倒数第一名成绩（使用 MIN 函数）。

（7）计算每门课程的第二名和第三名成绩（使用 LARGE 函数）。

（8）计算每门课程倒数第二名和倒数第三名成绩（使用 SMALL 函数）。

（9）计算每门课程各分数段人数（可以使用函数 FREQUENCY 函数或自定义公式计算）。

具体操作如下所述。

7.2.1　SUM、AVERAGE、MAX、MIN、LARGE、SMALL 函数的使用

注意：函数和公式中的字母不区分大、小写，各种符号必须在英文状态输入。

（1）计算每位学生的总分（使用 SUM 函数）。

选中 J2 单元格，单击"开始"→"自动求和"→"求和"，将弹出该行的数据域，按 Enter 键即可进行第一位学生的"总分"计算。双击"填充柄"或向下拖动"填充柄"进行向下填充，计算每位学生的"总分"。也可以单击编辑栏旁的"插入函数 *fx*"按钮，在弹出的对话框中选择 SUM 进行求和计算，如图 7-1 所示。

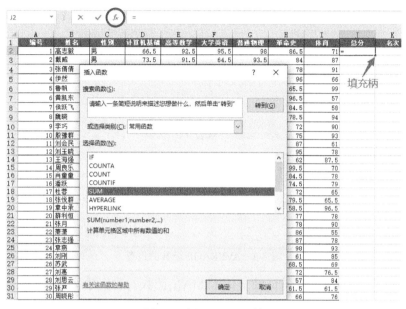

图 7-1　插入 SUM 函数

（2）计算每门课程的平均分（使用 AVERAGE 函数）。

步骤 1：选中 B49 单元格（平均分单元格），单击编辑栏旁的"插入函数 *fx*"按钮，在弹出的"插入函数"对话框中的"选择函数"列表框中选择 AVERAGE，然后单击"确定"按钮，如图 7-2 所示。

图 7-2　插入 AVERAGE 函数

步骤 2：在弹出的"函数参数"对话框中单击数值 1 折叠按钮⬆，选择"计算机基础"课程的分数区间 D2:D45，单击"确定"按钮，如图 7-3 所示。向右拖动"填充柄"填充其他科平均成绩即可计算出每门课程的"平均分"。

图 7-3　AVERAGE 函数的设置

（3）计算每门课程第一名的成绩（使用 MAX 函数）和倒数第一名的成绩（使用 MIN 函数）。

步骤 1：选中 B52 单元格，单击"公式"→"插入函数 fx"→"MAX"，选择数据区域 D2:D45，单击"确定"按钮，如图 7-4 所示。向右拖动"填充柄"填充其他科最高分即可计算出每个科目的"第一名"。

	计算机基础	高等数学	大学英语	普通物理	革命史	体育
平均分	79.8	75.7	77.9	81.2	76.0	76.0
第一名	=MAX（D2:D45）					

图 7-4　MAX 函数的设置

步骤 2：选中 B55 单元格，单击"公式"→"插入函数 fx"→"MIN"，选择数据区域 D2:D45，单击"确定"按钮，如图 7-5 所示。向右拖动"填充柄"填充其他科最低分即可计算出每个科目的"倒数第一名"。

	计算机基础	高等数学	大学英语	普通物理	革命史	体育
平均分	79.8	75.7	77.9	81.2	76.0	76.0
第一名	97.5	99.5	100.0	100.0	99.5	99.0
倒数第一名	=MIN（D2:D45）					

图 7-5　MIN 函数的设置

（4）计算每门课程的第二名和第三名的成绩（使用 LARGE 函数）。

步骤 1：选中 B53 单元格，在公式编辑区输入=LARGE(D2:D45,2)（第 1 个参数表示选择的数据区域，第 2 个参数表示排第几名，2 表示排名第二，两个参数用逗号分隔），然后按 Enter 键，如图 7-6 所示。向右拖动"填充柄"即可填充其他科成绩的"第二名"。

图 7-6　LARGE 函数的设置

步骤 2：计算第三名的成绩可以利用公式的填充方法并进行相应修改即可，如图 7-7 所示。

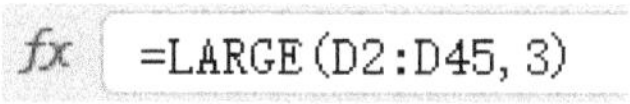

图 7-7　LARGE 公式填充

（5）计算每门课程倒数第二名和倒数第三名的成绩（使用 SMALL 函数）。

步骤 1：选中 B56 单元格，在公式编辑区输入=SMALL (D2:D45,2)（第 1 个参数表示选择的数据区域，第 2 个参数表示排名倒数第几名，2 表示排名倒数第二，两个参数用逗号分隔），然后按 Enter 键，如图 7-8 所示。向右拖动"填充柄"即可填充其他科成绩的"倒数第二名"。

图 7-8　SMALL 函数的设置

步骤 2：计算倒数第三名的成绩可以用公式的填充方法，然后按 Enter 键修改即可，如图 7-9 所示。

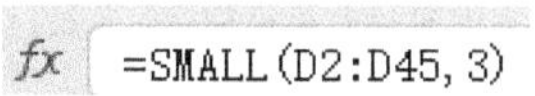

图 7-9　SMALL 公式填充

7.2.2　IF 函数的使用

计算每位学生的总评，使用 IF 函数（总分大于等于 500 分的在"总评"列显示"优秀"，否则显示空格）。

步骤 1：选中 L2 单元格，单击"公式"→"插入函数"按钮，如图 7-10 所示。

图 7-10　插入函数

步骤 2：在弹出的"插入函数"对话框中"选择函数"列表框中选择 IF 函数，然后单击"确定"按钮，如图 7-11 所示。

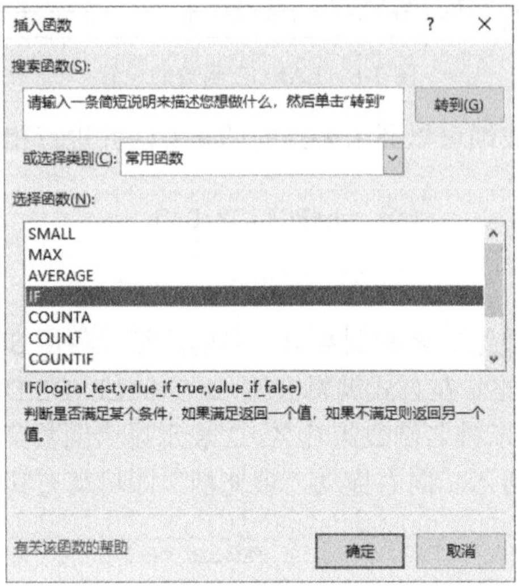

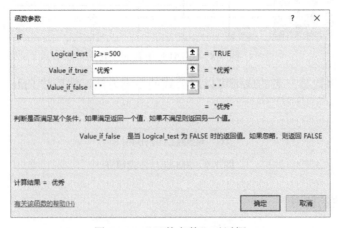

图 7-11　选择 IF 函数

步骤 3：在弹出的"函数参数"对话框中的第一个参数框中输入 J2>=500，在第二个参数框中输入"优秀"（参数框中的双引号是函数自动加上的，用户不用输入），在第三个参数框中输入空格（" "），然后单击"确定"按钮，如图 7-12 所示。

图 7-12　"函数参数"对话框

7.2.3　RANK 函数的使用

计算每位学生的名次，使用 RANK 函数。

步骤 1：首先计算第一个学生的名次，选中 K2 单元格，单击"公式"→"插入函数"，在弹出的对话框中的"搜索函数"文本框中输入 RANK 并单击"转到"按钮，从列表中选择 RANK 函数，然后单击"确定"按钮插入函数，如图 7-13 所示。

图 7-13　插入 RANK 函数

步骤 2：在弹出的对话框中单击 Number 的折叠按钮，选择第一个学生的总分所在的单元格 J2，关闭折叠窗口。单击 Ref 的折叠按钮，选择所有学生的总分区域 J2:J45，关闭折叠窗口。这里为了实现其他学生的排名，在 K 列上进行填充，行号会发生改变，所以函数中的行号也会随之改变。为了使总分始终在所有学生总分中进行排名，在数据排名的区域中使用绝对引用，按功能键 F4 进行切换，加上$标志（$J$2:$J$45）。单击"确定"按钮，如图 7-14 所示。向下拖动"填充柄"即可填充其他同学的名次。

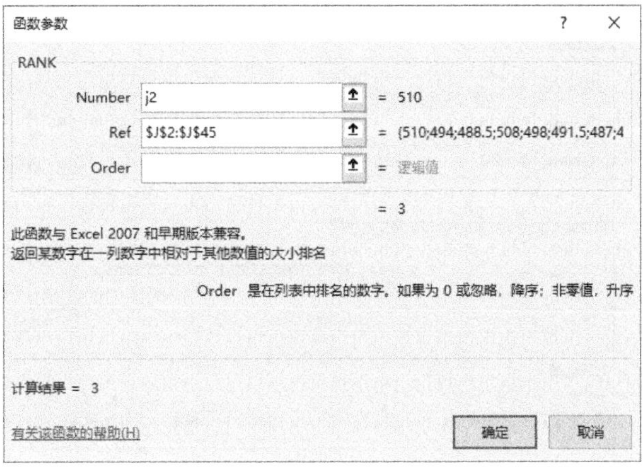

图 7-14　RANK 函数的设置

7.2.4 COUNTA 函数和 COUNTIF 函数的使用

COUNTA 函数：计算区域中不为空的单元格的个数。

COUNTIF 函数：对区域中满足单个指定条件的单元格进行计数。

计算每门课程优秀率（90 及 90 分以上成绩所占的比例）和及格率（60 及 60 分以上成绩所占的比例），自定义公式计算可使用 COUNTIF 和 COUNTA 两个函数。

优秀率是>=90 的人数除以总人数，故首先要计算>=90 的人数。

步骤 1：选中 B56 单元格，在"插入函数"对话框中的"或选择类别"文本框下拉列表中选择"统计"，在"选择函数"下拉列表中选择 COUNTIF，单击"确定"按钮，如图 7-15 所示。

图 7-15   插入 COUNTIF 函数

步骤 2：在弹出的"函数参数"对话框的第一个参数框中输入 D2:D45（注意，这里的冒号是英文冒号），在第二参数框中输入>=90（参数框中的双引号是函数自动加上的，用户不用输入），然后单击"确定"按钮，如图 7-16 所示。

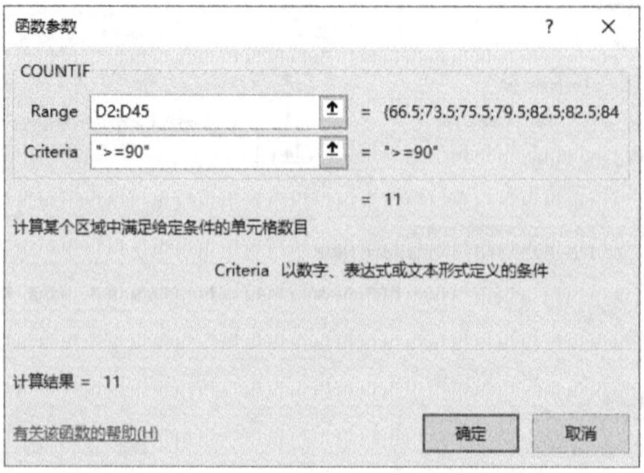

图 7-16   COUNTIF 函数的设置

步骤 3：求优秀率。将鼠标指针移到"编辑栏"修改公式，输入除号/和 COUNTA 函数，选择数据区域 D2:D45，然后按 Enter 键结束，如图 7-17 所示。向右拖动"填充柄"即可填充其他科目的优秀率。及格率的计算方法与优秀率的相同。

图 7-17　求优秀率

7.2.5　FREQUENCY 函数的使用

可以使用 FREQUENCY 函数计算每门课程各分数段的人数。数据分为 5 段，需要 4 个分段点（59.9,69.9,79.9,89.9），可以将分段点写在空白区域，也可在函数中输入各分段点。

步骤 1：选中要计算的区域 C61:C65（注意：这里是选中 5 个单元格），在"插入函数"对话框中的"或选择类别"下拉列表中选择"统计"，在"选择函数"下拉列表中选择 FREQUENCY，单击"确定"按钮，如图 7-18 所示。

图 7-18　插入 FREQUENCY 函数

步骤 2：在弹出的"函数参数"对话框中单击第一个参数框的折叠按钮，选择区域 D2:D45，单击第二个参数框的折叠按钮，选择区域 A67:A70，如图 7-19 所示。也可在第二个参数框中手动输入各分段点，不影响计算结果，如图 7-20 所示。

步骤 3：这里务必同时按 Shift+Ctrl+Enter 键，结果如图 7-21 所示。若直接单击"确定"按钮会出现错误结果。最后，向右拖动"填充柄"即可填充其他科目各分数段的人数。

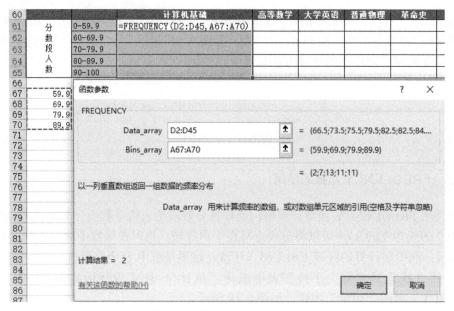

图 7-19　分段点写在空白区域

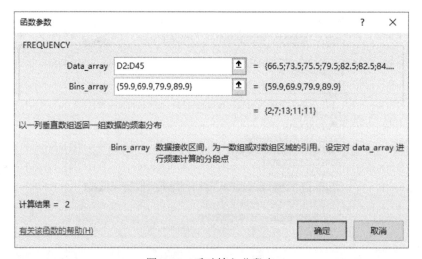

图 7-20　手动输入分段点

		计算机基础	高等数学	大学英语	普通物理	革命史	体育
分	0-59.9	2					
数	60-69.9	7					
段	70-79.9	13					
人	80-89.9	11					
数	90-100	11					

图 7-21　按组合键后的操作结果

最终效果如图 7-22 所示（部分数据）。

编号	姓名	性别	计算机基础	高等数学	大学英语	普通物理	革命史	体育	总分	总评	名次
1	高志毅	男	66.5	92.5	95.5	98	86.5	71	510.0	优秀	3
2	戴威	男	73.5	91.5	64.5	93.5	84	87	494.0		10
3	张倩倩	女	75.5	62.5	87	94.5	78	91	488.5		14
4	伊然	女	79.5	98.5	68	100	96	66	508.0	优秀	5
5	鲁帆	女	82.5	63.5	90.5	97	65.5	99	498.0		9
6	黄凯东	男	82.5	78	81	96.5	96.5	57	491.5		11
7	侯跃飞	男	84.5	71	99.5	89.5	84.5	58	487.0		15
8	魏晓	男	87.5	63.5	67.5	98.5	78.5	94	489.5		13
9	李巧	男	88.0	82.5	83	75.5	72	90	491.0		12
10	殷豫群	男	92.0	64	97	93	75	93	514.0	优秀	2
11	刘会民	男	93.0	71.5	92	96.5	87	61	501.0	优秀	7
12	刘玉晓	女	93.5	85.5	77	81	95	78	510.0	优秀	3
13	王海强	男	96.0	72.5	100	86	62	87.5	504.0	优秀	6
14	周良乐	男	96.5	86.5	90.5	94	99.5	70	537.0	优秀	1
15	肖童童	女	97.5	76	72	92.5	84.5	78	500.5	优秀	8
16	潘跃	女	56.0	77.5	85	63	74.5	79	455.0		27
17	杜蓉	女	58.5	90	88.5	97	72	65	471.0		21
18	张悦群	女	63.0	99.5	78.5	63.5	79.5	65.5	449.5		29
19	章中承	男	69.0	89.5	92.5	73	58.5	96.5	479.0		16
20	薛利恒	男	72.0	74.5	76.5	87	77	78	449.5		29
21	张月	女	74.0	72.5	67	94	78	90	475.5		19
22	萧萧	女	75.5	72.5	75	92	86	55	456.0		26
23	张志强	男	76.5	70	64	75	87	78	450.5		28
24	章燕	女	77.0	60.5	66.5	84	98	93	479.0		16
25	刘刚	男	80.5	96	72	66	61	85	460.5		25
26	苏武	男	83.5	78.5	70.5	100	68.5	69	470.0		22
27	刘惠	女	84.5	78.5	87.5	64.5	72	76.5	463.5		24
28	刘思云	女	92.5	93.5	77	73	57	84	477.0		18
29	张严	男	95.0	95	70	89.5	61.5	61.5	472.5		20
30	周晓彤	女	97.0	75.5	73	81	66	76	468.5		23
31	沈君毅	男	62.5	76	57	67.5	88	84.5	435.5		36
32	王晓燕	女	62.5	57.5	85	59	79	61.5	404.5		44
33	吴开	男	63.5	73	95	95	75.5	61	433.0		37
34	黎辉	男	68.0	97.5	61	57	60	85	428.5		41
35	李爱晶	女	71.5	61.5	82	57.5	57	85	414.5		43
36	肖琪	女	71.5	59.5	88	63	88	60.5	430.5		39
37	司徒春	男	75.0	71	86	60.5	60	85	437.5		34
38	叶辉	男	75.5	60.5	85	57	76	83.5	437.5		34
39	钟幻	男	76.0	63.5	84	81	65	62	431.5		38
40	章戎	男	81.0	55.5	61	91.5	81	59	429.0		40
41	涂咏虔	女	85.5	64.5	74	78.5	64	76.5	443.0		32
42	詹仕勇	男	86.5	65.5	67.5	70.5	62	73.5	425.5		42
43	刘泽安	男	94.0	68.5	78	60.5	76	67	444.0		31
44	尹志刚	女	96.5	74.5	63	66	71	69	440.0		33

	计算机基础	高等数学	大学英语	普通物理	革命史	体育
平均分	79.8	75.7	77.9	81.2	76.0	76.0
第一名	97.5	99.5	100.0	100.0	99.5	99.0
倒数第一名	56.0	55.5	57.0	57.0	57.0	55.0
第二名	97	98.5	99.5	100	98	96.5
第三名	96.5	97.5	97	98.5	96.5	94
倒数第二名	58.5	57.5	60.5	57	57	57
倒数第三名	62.5	59.5	61	57.5	58.5	58
优秀率	25.0%	20.5%	18.2%	38.6%	11.4%	18.2%
及格率	95.5%	93.2%	97.7%	90.9%	93.2%	90.9%

		计算机基础	高等数学	大学英语	普通物理	革命史	体育
分数段人数	0-59.9	2	3	1	4	3	4
	60-69.9	7	11	12	8	11	12
	70-79.9	13	17	11	6	15	11
	80-89.9	11	4	12	9	10	9
	90-100	11	9	8	17	5	8

图 7-22　最终效果

7.3　案例小结

本节主要学习了利用函数计算学生课程成绩的总分、名次、总分、平均分、优秀率、及格率、第一名成绩、倒数第一名成绩、第二名和第三名成绩、倒数第二名和倒数第三名成绩、每门课程各分数段人数。在实际应用中，大家还应该注意如下事项：

（1）使用 IF(Logical_test,Value_if_true,Value_if_false)函数时，第一个参数为条件，不能加引号；第二个参数为条件成立时的结果，如果是显示某个值（文本），则要加引号；第三个参数为条件不成立时的结果，如果是显示某个值（文本），同样要加引号。IF 函数可以嵌套使用，即在第三个参数处可以再写一个 IF 函数，但是最多只能嵌套七层。

（2）在使用 RANK(Number,Ref,[Order])函数时，第二个参数指将第一个参数的数值放在哪一组数中进行排名，在选择数据区域时要加绝对引用，否则在进行公式填充时数据区域发生改变会导致排名错乱的情况。

（3）使用 COUNTIF(range,criteria)函数可对区域中满足单个指定条件的单元格进行计数。

（4）使用 COUNTA(value1,[value2],...)函数可计算区域（区域即工作表上的两个或多个单元格，这些单元格可以相邻或不相邻）中不为空的单元格的个数。

（5）使用 FREQUENCY(data_array,bins_array)函数时，在选择了用于显示返回的分布结果的相邻单元格区域后，函数 FREQUENCY 应以数组公式的形式输入。返回的数组中的元素个数比 bins_array 中的元素个数多 1 个，多出来的元素表示最高区间值之上的数值个数。例如，如果要为三个单元格中输入的三个数值区间计数，应在第四个单元格中输入 FREQUENCY 函数获得计算结果。多出来的单元格将返回 data_array 中第三个区间值以上的数值个数。函数 FREQUENCY 不会将空白单元格和文本进行记录。对于返回结果为数组的公式（即数据域选择为数组形式），必须以数组公式的形式输入。输入结束时按 Shift+Ctrl+Enter 组合键。

7.4 拓展训练

按下列要求对文件"数据分析.xlsx"进行操作并保存结果，各部分最终的效果请参照文件"样表.xlsx"（见本书提供的素材文件）的相应部分。

在工作表 Sheet1 中进行以下计算：

（1）计算各地五年内的游客总人数（使用 SUM 函数）、五年内平均人数（使用 AVERAGE 函数）、总人数排名（使用 RANK 函数）、是否为热门旅游地（使用 IF 函数，五年内总人数大于等于 1000000 的在 L 列显示"是"，否则显示"否"）。

（2）计算各年的总人数（使用 SUM 函数）、增长率、最大值（使用 MAX 函数）、最小值（使用 MIN 函数），计算总人数为第二名和第三名（使用 LARGE 函数）及倒数第二名和倒数第三名（使用 SMALL 函数）的旅游地。

增长率=(当年的总人数-上一年总人数)÷上一年总人数*100%（结果为保留一位小数的百分比样式）。

（3）计算各分段的总人数（可以使用函数 FREQUENCY 或自定义公式计算）。

案例 8 学生成绩表数据处理

- 掌握排序的方法。
- 掌握筛选的方法。
- 掌握分类汇总的方法。

8.1 案例简介

通过多个数据源区域中的数据对学生成绩进行排序、筛选及分类汇总，可以更加轻松地对数据进行定期或不定期的更新和汇总。

8.2 案例制作

本节以学生成绩表数据分析案例中的计算结果为基础，进一步学习 Excel 的排序、筛选、分类汇总功能。打开"学生成绩表.xlsx"完成如下操作。

8.2.1 排序的应用

（1）将"体育"列按分数从低到高（升序）排序。

步骤：将光标定位在"体育"列上，单击"数据"→"排序和筛选"→"升序"，如图 8-1 所示。

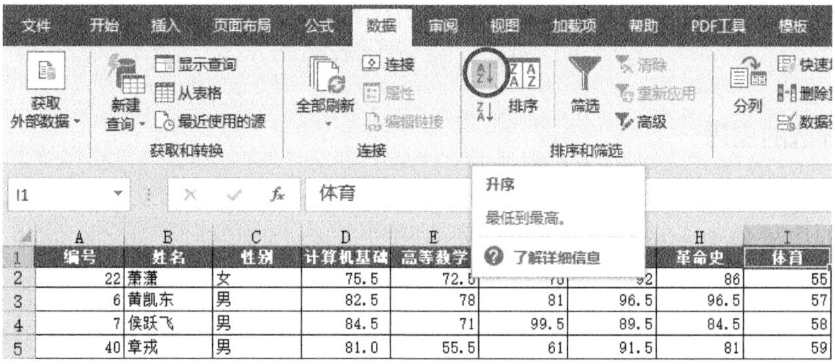

图 8-1 升序排序

（2）将"姓名"列按名字笔划从少到多排序。

步骤：将光标定位在表格数据区域中，单击"数据"→"排序和筛选"→"排序"，在弹出的"排序"对话框中的"主要关键字"中选择"姓名";选择"选项"命令,在弹出的"排序选项"对话框中选择"笔划排序"单选按钮,单击"确定"按钮;在"次序"下拉列表中选择"升序"项,然后单击"确定"按钮进行排序,如图 8-2 所示。

图 8-2　按笔划排序

（3）将"总分"列按分数从高到低（降序）排序,当"总分"分数相同时,将"高等数学"列按分数从高到低排序。

步骤:将光标定位在表格数据区域中,单击"数据"→"排序和筛选"→"排序",在弹出的"排序"对话框中的"主要关键字"中选择"总分",在"次序"下拉列表中选择"降序";单击"添加条件"按钮,在"次要关键字"下拉列表中选择"高等数学",在"次序"下拉列表中选择"降序";单击"确定"按钮进行排序,如图 8-3 所示。

图 8-3　添加排序条件

8.2.2　筛选的应用

1. 自动筛选

（1）将"高等数学"成绩在 60～80 分之间（包含 60 分和 80 分）的数据使用"自动筛选"功能筛选出来。

步骤 1:将光标定位在表格数据区域中,单击"数据"→"排序和筛选"→"筛选",如图 8-4 所示,在标题栏的字段旁会出现 ▼ 按钮。

步骤 2:单击"高等数学"右侧的 ▼ 按钮,选择"数字筛选"→"介于"命令,如图 8-5 所示。在弹出的"自定义自动筛选方式"对话框中的"大于或等于"输入框中输入 60,在"小于或等于"输入框中输入 80,单击"确定"按钮,如图 8-6 所示。

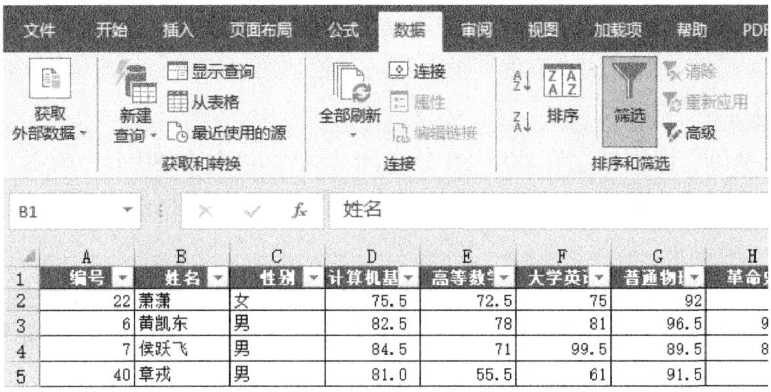

图 8-4　筛选

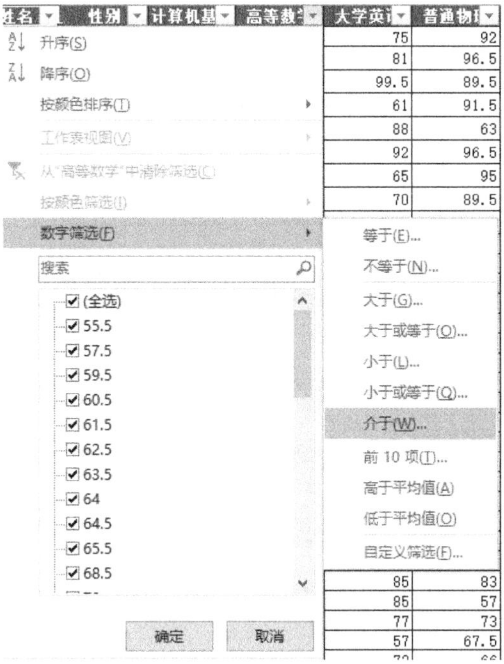

图 8-5　数字筛选

图 8-6　自动筛选

（2）清除筛选。自动筛选完成后，若要清除筛选则再次单击"筛选"按钮，原有的筛选就清除了。

2. 高级筛选

将"计算机基础"课程成绩在 60～80 分之间（包含 60 分和 80 分）或者"性别"为"女"的学生的数据筛选出来，将结果显示在区域的左上角 A50 单元格的区域中。这里需要用高级筛选。

步骤 1：需要特别注意，筛选条件要单独放置。把"计算机基础"和"性别"字段按图 8-7 所示分别复制到 L10:N10 区域，在 N11 单元格中输入"女"，在 L12 单元格中输入>=60，在 M12 单元格中输入<=80，如图 8-7 所示。

计算机基础	计算机基础	性别
		女
>=60	<=80	

图 8-7　筛选条件

步骤 2：将光标定位在表格数据区域中，单击"数据"→"排序和筛选"→"高级"，如图 8-8 所示。

图 8-8　选择高级筛选

步骤 3：在弹出的"高级筛选"对话框中的"方式"项选择"将筛选结果复制到其他位置"单选按钮，在"列表区域"项选择$A$1:$J$45，在"条件区域"项选择$L$11:$N$13，在"复制到"项选择$A$50，如图 8-9 所示，单击"确定"按钮，筛选结果如图 8-10 所示。

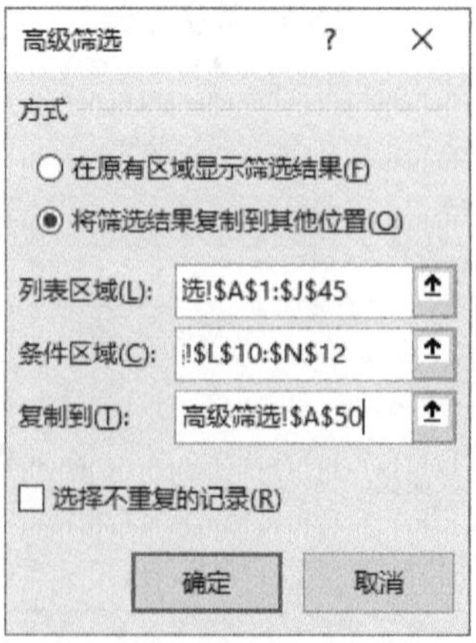

图 8-9　"高级筛选"对话框

编号	姓名	性别	计算机基础	高等数学	大学英语	普通物理	革命史	体育	总分
1	高志毅	男	66.5	92.5	95.5	98	86.5	71	510.0
2	戴威	男	73.5	91.5	64.5	93.5	84	87	494.0
3	张倩倩	女	75.5	62.5	87	94.5	78	91	488.5
4	伊然	女	79.5	98.5	68	100	96	66	508.0
5	鲁帆	女	82.5	63.5	90.5	97	65.5	99	498.0
12	刘玉晓	女	93.5	85.5	77	81	95	78	510.0
15	肖童童	女	97.5	76	72	92.5	84.5	78	500.5
16	潘跃	女	56.0	77.5	85	83	74.5	79	455.0
17	杜蓉	女	58.5	90	88.5	97	72	65	471.0
18	张悦群	女	63.0	99.5	78.5	63.5	79.5	65.5	449.5
19	章中承	男	69.0	89.5	92.5	73	58.5	96.5	479.0
20	薛利恒	男	72.5	74.5	60.5	87	77	78	449.5
21	张月	女	74.0	72.5	67	94	78	90	475.5
22	萧萧	女	75.5	75	75	92	86	55	456.0
23	张志强	男	76.5	70	64	75	87	78	450.5
24	章燕	女	77.0	60.5	66.5	84	98	93	479.0
27	刘惠	女	84.5	78.5	87.5	64.5	72	76.5	463.5
28	刘思云	女	92.5	93.5	77	73	57	84	477.0
30	周晓彤	女	97.0	75.5	73	81	66	76	468.5
31	沈君毅	男	62.5	76	57	67.5	88	84.5	435.5
32	王晓燕	女	62.5	57.5	85	59	79	61.5	404.5
33	吴开	男	63.5	73	65	95	75.5	61	433.0
34	黎辉	男	68.0	97.5	61	57	60	85	428.5
35	李爱晶	女	71.5	61.5	82	57.5	57	85	414.5
36	肖琪	女	71.5	59.5	88	63	88	60.5	430.5
37	司徒春	男	75.0	71	86	60.5	60	85	437.5
38	叶辉	男	75.5	60.5	85	57	76	83.5	437.5
39	钟幻	男	76.0	63.5	84	81	65	62	431.5
41	涂咏虔	女	85.5	64.5	74	78.5	64	76.5	443.0
44	尹志刚	女	96.5	74.5	63	66	71	69	440.0

图 8-10　筛选结果

8.2.3　分类汇总的应用

注意：分类汇总前必须为分类的字段进行排序。

（1）分别计算出男生和女生的"大学英语"平均成绩。

步骤 1：对"性别"进行排序。将光标定位在"性别"列上，单击"数据"→"排序和筛选"→"升序"，结果如图 8-11 所示。

步骤 2：单击"数据"→"分级显示"→"分类汇总"，在弹出的"分类汇总"对话框中设置"分类字段"为"性别"，设置"汇总方式"为"平均值"，在"选定汇总项"中勾选"大学英语"复选框，勾选"替换当前分类汇总"和"汇总结果显示在数据下方"复选框，如图 8-12 所示。

步骤 3：单击"确定"按钮，可以看到分类汇总后表格发生了变化，如图 8-13 所示。

分类汇总后，数据表左上角出现 3 个层次的数据，其中第 3 层次显示数据表的明细数据与汇总数据，第 2 层次显示性别汇总数据，第 1 层次是全部性别的汇总数据。

（2）删除分类汇总。单击"数据"→"分级显示"→"分类汇总"，在弹出的"分类汇总"对话框中单击"全部删除"按钮，然后单击"确定"按钮，如图 8-14 所示。

编号	姓名	性别	计算机基础	高等数学	大学英语	普通物理	革命史	体育	总分	名次
1	高志毅	男	66.5	92.5	95.5	98	86.5	71	510.0	3
2	戴威	男	73.5	91.5	64.5	93.5	84	87	494.0	10
6	黄凯东	男	82.5	78	81	96.5	96.5	57	491.5	11
7	侯跃飞	男	84.5	71	99.5	89.5	84.5	58	487.0	15
8	魏晓	男	87.5	63.5	67.5	98.5	78.5	94	489.5	13
9	李巧	男	88.0	82.5	83	75.5	72	90	491.0	12
10	殷豫群	男	92.0	64	97	93	75	93	514.0	2
11	刘会民	男	93.0	71.5	92	96.5	87	61	501.0	7
13	王海强	男	96.0	72.5	100	86	62	87.5	504.0	6
14	周良乐	男	96.5	86.5	90.5	94	99.5	70	537.0	1
19	章中承	男	69.0	89.5	92.5	73	58.5	96.5	479.0	16
20	薛利恒	男	72.5	74.5	60.5	87	77	78	449.5	29
23	张志强	男	76.5	70	64	75	87	78	450.5	28
25	刘刚	男	80.5	96	72	66	61	85	460.5	25
26	苏武	男	83.5	78.5	70.5	100	68.5	69	470.0	22
29	张严	男	95.0	95	70	89.5	61.5	61.5	472.5	20
31	沈君毅	男	62.5	76	57	67.5	88	84.5	435.5	36
33	吴开	男	63.5	73	65	95	75.5	61	433.0	37
34	黎辉	男	68.0	97.5	61	57	60	85	428.5	41
37	司徒春	男	75.0	71	86	60.5	60	85	437.5	34
38	叶辉	男	75.5	60.5	85	57	76	83.5	437.5	34
39	钟幻	男	76.0	63.5	84	81	65	62	431.5	38
40	章戎	男	81.0	55.5	61	91.5	81	59	429.0	40
42	詹仕勇	男	86.5	65.5	67.5	70.5	62	73.5	425.5	42
43	刘泽安	男	94.0	68.5	78	60.5	76	67	444.0	31
3	张倩倩	女	75.5	62.5	87	94.5	78	91	488.5	14
4	伊然	女	79.5	98.5	68	100	96	66	508.0	5
5	鲁帆	女	82.5	63.5	90.5	97	65.5	99	498.0	9
12	刘玉晓	女	93.5	85.5	77	81	95	78	510.0	3
15	肖童童	女	97.5	76	72	92.5	84.5	78	500.5	8
16	潘跃	女	56.0	77.5	85	83	74.5	79	455.0	27
17	杜蓉	女	58.5	90	88.5	97	72	65	471.0	21
18	张悦群	女	63.0	99.5	78.5	63.5	79.5	65.5	449.5	29
21	张月	女	74.0	72.5	67	94	78	90	475.5	19
22	萧萧	女	75.5	72.5	75	92	86	55	456.0	26
24	章燕	女	77.0	60.5	66.5	84	98	93	479.0	16
27	刘惠	女	84.5	78.5	87.5	64.5	72	76.5	463.5	24
28	刘思云	女	92.5	93.5	77	73	57	84	477.0	18
30	周晓彤	女	97.0	75.5	73	81	66	76	468.5	23
32	王晓燕	女	62.5	57.5	85	59	79	61.5	404.5	44
35	李爱晶	女	71.5	61.5	82	57.5	57	85	414.5	43
36	肖琪	女	71.5	59.5	88	63	88	60.5	430.5	39
41	涂咏虔	女	85.5	64.5	74	78.5	64	76.5	443.0	32
44	尹志刚	女	96.5	74.5	63	66	71	69	440.0	33

图 8-11　分类汇总

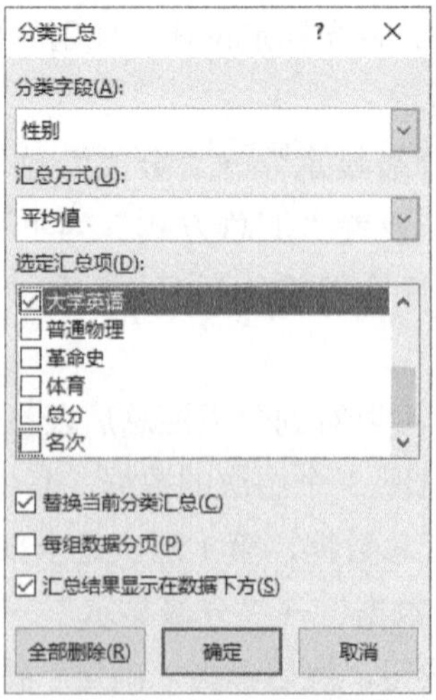

图 8-12　分类汇总设置

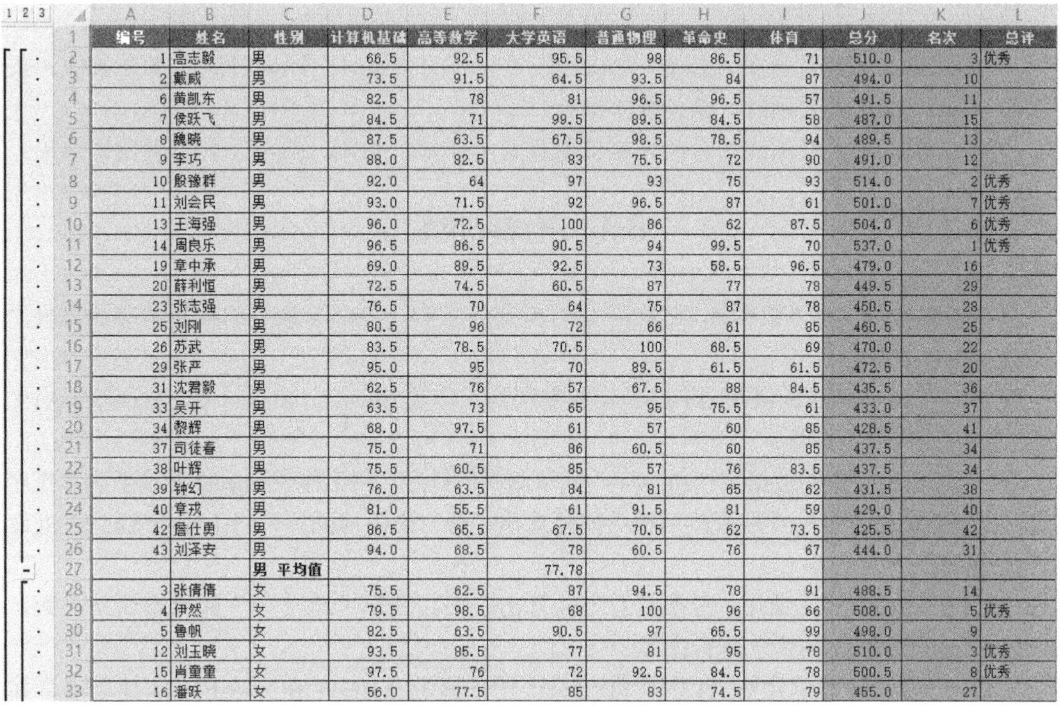

1 2 3		A	B	C	D	E	F	G	H	I	J	K	L
	1	编号	姓名	性别	计算机基础	高等数学	大学英语	普通物理	革命史	体育	总分	名次	总评
	2	1	高志毅	男	66.5	92.5	95.5	98	86.5	71	510.0	3	优秀
	3	2	戴威	男	73.5	91.5	64.5	93.5	84	87	494.0	10	
	4	6	黄凯东	男	82.5	78	81	96.5	96.5	57	491.5	11	
	5	7	侯跃飞	男	84.5	71	99.5	89.5	84.5	58	487.0	15	
	6	9	魏晓	男	87.5	63.5	67.5	98.5	78.5	94	489.5	13	
	7	9	李巧	男	88.0	82.5	83	75.5	72	90	491.0	12	
	8	10	殷豫群	男	92.0	64	97	93	75	93	514.0	2	优秀
	9	11	刘会民	男	93.0	71.5	92	96.5	87	61	501.0	7	优秀
	10	13	王海强	男	96.0	72.5	100	86	62	87.5	504.0	6	优秀
	11	14	周良乐	男	96.5	86.5	90.5	94	99.5	70	537.0	1	优秀
	12	19	章中承	男	69.0	89.5	92.5	73	58.5	96.5	479.0	16	
	13	20	薛利恒	男	72.5	74.5	60.5	87	77	78	449.5	29	
	14	23	张志强	男	76.5	70	64	75	87	78	450.5	28	
	15	25	刘刚	男	80.5	96	72	66	61	85	460.5	25	
	16	26	苏武	男	83.5	78.5	70.5	100	68.5	69	470.0	22	
	17	29	张严	男	95.0	95	70	89.5	61.5	61.5	472.5	20	
	18	31	沈君毅	男	62.5	76	57	67.5	88	84.5	435.5	36	
	19	33	吴开	男	63.5	73	65	95	75.5	61	433.0	37	
	20	34	黎辉	男	68.0	97.5	61	57	60	85	428.5	41	
	21	37	司徒春	男	75.0	71	86	60.5	60	85	437.5	34	
	22	38	叶辉	男	75.5	60.5	85	57	76	83.5	437.5	34	
	23	39	钟幻	男	76.0	63.5	84	81	65	62	431.5	38	
	24	40	章戎	男	81.0	55.5	61	91.5	81	59	429.0	40	
	25	42	詹仕勇	男	86.5	65.5	67.5	70.5	62	73.5	425.5	42	
	26	43	刘泽安	男	94.0	68.5	78	60.5	76	67	444.0	31	
	27			男 平均值			77.78						
	28	3	张倩倩	女	75.5	62.5	87	94.5	78	91	488.5	14	
	29	4	伊然	女	79.5	98.5	68	100	96	66	508.0	5	优秀
	30	5	鲁帆	女	82.5	63.5	90.5	97	65.5	99	498.0	9	
	31	12	刘玉晓	女	93.5	85.5	77	81	95	78	510.0	3	优秀
	32	15	肖童童	女	97.5	76	72	92.5	84.5	78	500.5	8	优秀
	33	16	潘跃	女	56.0	77.5	85	83	74.5	79	455.0	27	

图 8-13 汇总效果

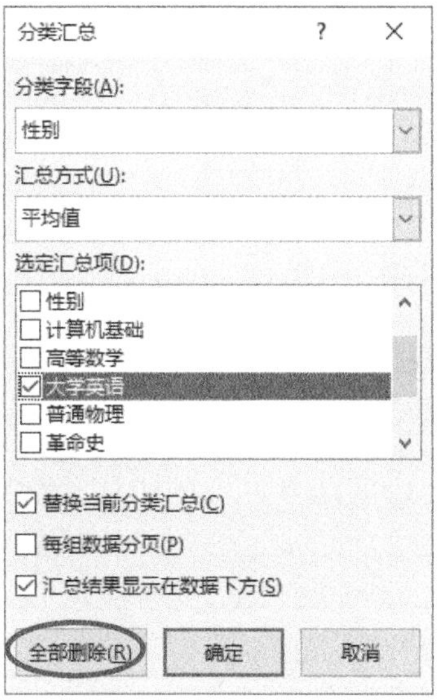

图 8-14 删除分类汇总

8.3 案例小结

本节主要学习排序、筛选、分类汇总。在实际应用中还应该注意如下事项：

（1）排序。排序时，隐藏的行、列不参与排序。因此在对数据进行排序前，应该先取消行和列的隐藏设置。

（2）筛选。高级筛选条件需要单独放置。"与"的关系时，即同时满足多个条件，条件放在同一行；"或"的关系时，条件放不同行。

（3）分类汇总。必须先按分级依据的数据进行排序，否则分类汇总会出现错误结果。

8.4　拓展训练

按下列要求对文件"数据处理.xlsx"进行操作并保存，各部分最终的效果请参照文件"样表.xlsx"的相应部分。

将工作表 Sheet1 中的区域 A1:L32 分别复制到工作表 Sheet2、Sheet3 和 Sheet4 的 A1:L32 区域，然后完成以下操作：

（1）将 Sheet2 中的数据按"2015 年"列从高到低排序，将工作表 Sheet2 重命名为"排序"。

（2）将 Sheet3 中的"是否热门地"列筛选出"是"热门地的行，将工作表 Sheet3 重命名为"筛选"。

（3）在 Sheet4 中，使用"分类汇总"计算出东部和西部"2012 年"的平均旅游人数，将工作表 Sheet4 重命名为"分类汇总"。

（4）在 Sheet6 的单元格 A1 中，将 Sheet5 中的区域 A1:C17 和区域 F1:H5 使用"合并计算"计算总人数，标签位置包含"首行"和"最左列"，将工作表 Sheet6 重命名为"合并计算"。

案例 9　商品销售记录表数据统计与分析

- 掌握条件格式的使用。
- 掌握 LOOKUP 函数的使用。
- 掌握 VLOOKUP 函数的使用。
- 掌握迷你图表的制作方法。

9.1　案例简介

某公司主要经营饮料产品的零售业务，该公司销售部对饮料销售情况进行管理，每个区将销售数据记录在销售记录表中，请大家帮助公司销售部对各饮料产品的销售记录进行统计和分析。

9.2　案例制作

本节以某公司各区销售记录作为案例，统计和分析饮料的销售记录。打开文件"素材\操作表_01.xlsx"中的"销售记录""迷你图"和"饮料销售等级"工作表，完成如下操作。

9.2.1　LOOKUP 函数的使用

将"饮料销售表"工作表中的百分制销量转换成"A～E"的等级形式，并将其存放在"饮料销售等级"工作表中。

步骤 1：选中"饮料销售等级"工作表的 D2 单元格，输入公式"=LOOKUP("，在输入的同时系统也会提示公式的语法格式，如图 9-1 所示。

C	D	E	F	G	H
饮料名称	大坪石店	会展店	新楠店	南云溪店	
统一奶茶	=LOOKUP(				
红牛					
菠萝啤					
非常可乐					
苦柠檬水					

LOOKUP(**lookup_value**, lookup_vector, [result_vector])
LOOKUP(**lookup_value**, array)

图 9-1　输入 LOOKUP 函数

步骤 2：输入完公式后，将光标置于 LOOKUP 处，单击 *fx* 图标，系统将弹出 LOOKUP 公式的"选定参数"对话框，如图 9-2 所示。

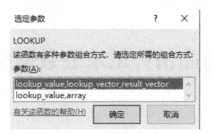

图 9-2　"选定参数"对话框

LOOKUP 函数将返回向量或数组中的数值。LOOKUP 函数有两种语法形式：向量和数组。LOOKUP 函数的向量形式是在单行区域或单列区域（向量）中查找数值，然后返回第二个单行区域或单列区域中相同位置的数值；LOOKUP 函数的数组形式是在数组的第一行或第一列查找指定的数值，然后返回数组的最后一行或最后一列中相同位置的数值。本例使用向量形式。

向量形式的公式：

=LOOKUP（Lookup_value,Lookup_vector,Result_vector）

其中各参数的意义如下：

- Lookup_value：LOOKUP 函数在第一个向量中所要查找的数值，它可以为数字、文本、逻辑值或包含数值的名称或引用。
- Lookup_vector：只包含一行或一列的区域，Lookup_vector 的数值可以为文本、数字或逻辑值。
- Result_vector：只包含一行或一列的区域，其大小必须与 Lookup_vector 相同。

注意：Lookup_vector 的数值必须按升序排序，即…、-2、-1、0、1、2、…、A～Z、FALSE、TRUE，否则，LOOKUP 函数不能返回正确的结果；文本不区分大小写。

步骤 3：在"选定参数"对话框中选定参数后单击"确定"按钮，弹出"函数参数"对话框，在第一个参数（查找的值）中选择"饮料销售表!D2"，在第二个参数（查找的区域）中填入数组{0,20,40,60,80}，在第三个参数（返回的与第二个参数相对应的数值）中填入数组{"E","D","C","B","A"}，如图 9-3 所示。

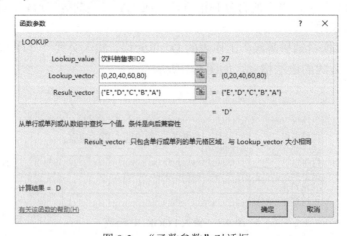

图 9-3　"函数参数"对话框

步骤 4：单击"确定"按钮后，完整公式为=LOOKUP(饮料销售表!D2,{0,20,40,60,80},

{"E","D","C","B","A"}），然后通过向下填充将所有门店百分制销量对应的等级销量全部计算出来，如图 9-4 所示。

饮料名称	大坪石店	会展店	新楠店	南云溪店
统一奶茶	D	B	B	B
红牛	E	B	B	C
菠萝啤	D	E	B	B
非常可乐	E	E	A	A
苦柠檬水	A	C	A	A
娃哈哈果奶	A	D	C	B
葡萄汁	C	A	D	B
雪碧	C	C	B	C
王老吉	C	E	A	B
怡宝纯净水	D	B	D	B
脉动	B	D	B	A
果粒橙	C	E	B	A
西柠蜜瓜汁	C	D	A	A
统一绿茶	E	A	A	C
娃哈哈纯净水	A	C	C	B
乐百氏纯净水	E	A	B	A
七喜	E	B	B	C
百香果汁	C	D	B	B
可口可乐	B	B	A	B
醒目	A	E	D	A
旭日升冰红茶	A	E	D	A
乐百氏果奶	E	A	B	C
芬达	D	D	C	B

图 9-4　计算等级销量的最终结果

9.2.2　条件格式的应用

设置单元格条件格式，将销量为 E 等级的单元格标注为"红色文字，浅绿填充"。

步骤 1：选中 D2:G2 单元格，单击"开始"→"样式"→"条件格式"，如图 9-5 所示。

图 9-5　设置条件格式

步骤 2：在下拉菜单中选择"突出显示单元格规则"→"等于"命令，如图 9-6（a）所示，在弹出的"等于"对话框中的编辑框中输入 E，在"设置为"的下拉列表中选择"自定义格式"，如图 9-6（b）所示。

（a）选择命令　　　　　　　　　　　　　（b）"等于"对话框

图 9-6　设置条件格式

步骤 3：在"等于"对话框中单击"确定"按钮，在弹出的"设置单元格格式"对话框中单击"字体"选项卡，"颜色"选择"浅绿色"；单击"填充"选项卡，"背景色"选择"红色"；单击"确定"按钮。设置完成后单击"确定"按钮，如图 9-7 所示。

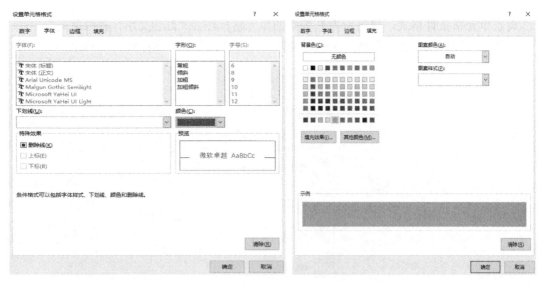

图 9-7　"设置单元格格式"对话框

如图 9-6 所示，除了设置"等于"条件外，通过"突出显示单元格规则"命令还可以设置其他的条件，如，"大于""小于""介于""文本包含""发生日期""重复值"。选择"其他规则"命令还可以新建上述规则以外的规则，例如，"大于或等于""小于或等于"等，如图 9-8 所示。

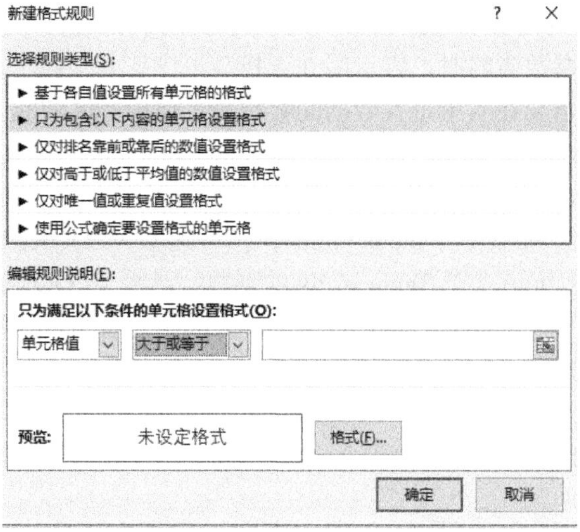

图 9-8　"新建格式规则"对话框

9.2.3　VLOOKUP 函数的使用

在"销售记录"工作表中，计算饮料的单位、进价和售价。

步骤 1：在 F3 单元格中输入"=VLOOKUP（"，在输入的同时系统也会提示公式的语法格式，如图 9-9 所示。

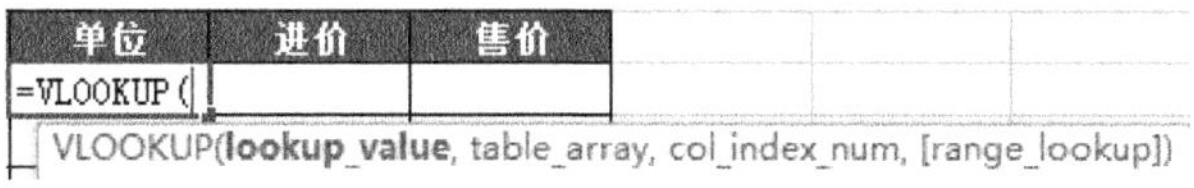

图 9-9　输入 VLOOKUP 函数

输入完公式后，单击 f_x 图标，弹出"函数参数"对话框，如图 9-10 所示。其中各参数说明如下：

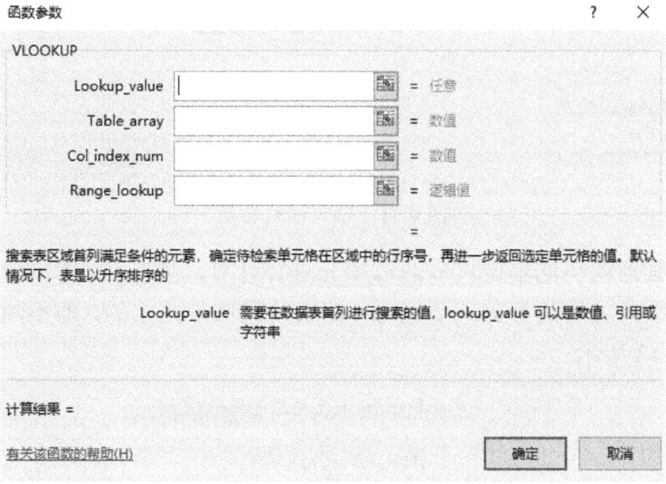

图 9-10　"函数参数"对话框

- Lookup_value 为需要在数据表第一列中进行查找的数值，可以为数值、引用或文本字符串，当该参数省略时，表示用 0 查找。
- Table_array 为需要在其中查找数据的数据表，使用对区域或区域名称的引用。
- Col_index_num 为在 Table_array 中查找数据的数据列序号。Col_index_num 为 1 时，返回 Table_array 第一列的数值，Col_index_num 为 2 时，返回 Table_array 第二列的数值，依次类推。如果 Col_index_num 小于 1，函数 VLOOKUP 返回错误值#VALUE!；如果 Col_index_num 大于 Table_array 的列数，函数 VLOOKUP 返回错误值#REF!。
- Range_lookup 为一逻辑值，指明函数 VLOOKUP 查找时是精确匹配还是近似匹配。如果为 FALSE 或 0，则返回精确匹配，如果找不到，则返回错误值#N/A。如果 Range_lookup 为 TRUE 或 1，函数 VLOOKUP 将查找近似匹配值，也就是说，如果找不到精确匹配值，则返回小于 Lookup_value 的最大数值。如果 Range_lookup 省略，则默认为近似匹配。

步骤 2：第一个参数是要查找的特定值，也就是"统一奶茶"，单击或者输入 D3 单元格；第二个参数输入要检索的区域，即"饮料价格"工作表中的数据区域 B4:E45 单元格；第三个参数表示返回值所在的列号，在"饮料价格"工作表中要返回"单位"列，所以这里输入 2（注意：这里的列数不是 EXCEL 默认的列数，而是查找范围的列数）；第四个参数为精确查找（返回"饮料价格"列），输入 0 或 FALSE，如图 9-11 所示。

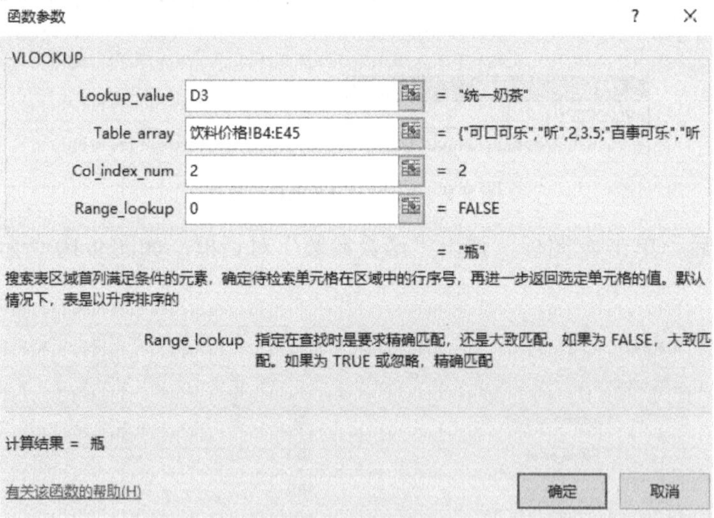

图 9-11　输入函数参数

步骤 3：对于其他饮料的单位可以通过填充进行计算，要得到正确的值，必须按 F4 键加上绝对引用符号，因为之后进行公式填充时，搜索的区域是固定的，即不随公式的填充而改变数据区域，如图 9-12 所示。

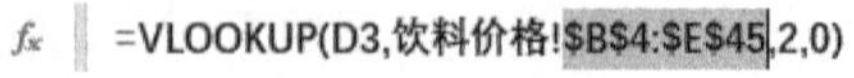

f_x　=VLOOKUP(D3,饮料价格!$B$4:$E$45,2,0)

图 9-12　公式填充

步骤 4：对进价和售价可以采用公式填充的方式，然后修改公式。"进价"的第三个参数返回值的列号为第三列，"售价"的第三个参数返回值的列号为第四列，其他参数不需要修改，如图 9-13 所示。

fx　=VLOOKUP(D3,饮料价格!$B$4:$E$45,3,0)

fx　=VLOOKUP(D3,饮料价格!$B$4:$E$45,4,0)

图 9-13　公式填充及参数修改

完成后的效果如图 9-14 所示。

销售记录表

日期	所在区	饮料店	饮料名称	数量	单位	进价	售价
2017/1/1	C区	大坪石店	统一奶茶	70	瓶	1.9	2.4
2017/1/1	C区	大坪石店	红牛	78	听	3.2	6
2017/1/1	C区	大坪石店	菠萝啤	16	听	1.2	2.5
2017/1/1	C区	大坪石店	非常可乐	8	听	1.6	3.3
2017/1/1	C区	大坪石店	苦柠檬水	59	瓶	2.5	4.5
2017/1/1	C区	大坪石店	娃哈哈果奶	23	瓶	1.4	3
2017/1/1	C区	大坪石店	葡萄汁	86	合	4.5	7.2
2017/1/1	C区	大坪石店	雪碧	48	听	2.5	4
2017/1/1	C区	大坪石店	王老吉	17	合	1.7	2.2
2017/1/1	C区	大坪石店	怡宝纯净水	62	瓶	0.9	1.5
2017/1/1	C区	大坪石店	脉动	27	瓶	2	3.5
2017/1/1	C区	大坪石店	果粒橙	18	瓶	2.4	3.5
2017/1/1	C区	大坪石店	西柠蜜瓜汁	27	瓶	2	3.5

图 9-14　完成效果

扩展知识：HLOOKUP 函数的使用。

HLOOKUP 函数是横向查找函数，与 LOOKUP 函数和 VLOOKUP 函数属于一类函数。HLOOKUP 中的 H 代表"行"。因为 HLOOKUP 是按行查找的，所以使用频率较少。其公式格式如下：

=HLOOKUP(Lookup_value,Table_array,Row_index_num,Range_lookup)

- Lookup_value 为需要在数据表第一行中进行查找的数值，可以为数值、引用或文本字符串。
- Table_array 为需要在其中查找数据的数据表，使用对区域或区域名称的引用。
- Row_index_num 为 Table_array 中待返回的匹配值的行序号。Row_index_num 为 1 时，返回 Table_array 第一行的数值，Row_index_num 为 2 时，返回 Table_array 第二行的数值，依次类推。如果 Row_index_num 小于 1，函数 HLOOKUP 返回错误值#VALUE!；如果 Row_index_num 大于 Table_array 的行数，函数 HLOOKUP 返回错误值#REF!。
- Range_lookup 为一逻辑值，指明函数 HLOOKUP 查找时是精确匹配还是近似匹配。如果为 TURE 或者 1，则返回近似匹配值，也就是说，如果找不到精确匹配值，则返回小于 Lookup_value 的最大数值。如果 Range_lookup 为 FALSE 或 0，函数 HLOOKUP 将查找精确匹配值，如果找不到，则返回错误值#N/A。如果 Range_lookup 省略，则默认为近似匹配。

当比较值位于数据表的首行，并且要查找下面给定行中的数据时，使用函数 HLOOKUP。当比较值位于要查找的数据左边的一列时，使用函数 VLOOKUP。

9.2.4　迷你图表的制作方法

创建销售趋势折线迷你图，即在"迷你图案例"工作表的 J2:J21 区域创建销售趋势折线迷你图。将对应编号复制到迷你图上，只粘贴值，设置单元格字的颜色为红色；在 J 列的迷你图上突出显示数据标记；修改 J 列的迷你图的颜色为"绿色"，粗细为"1.5 磅"，迷你图的标记颜色为"高点，红色"。

步骤 1：在区域 J2:J21 创建销售趋势折线迷你图。打开"迷你图"工作表，选定 J2:J21 单元格，单击"插入"选项卡，在"迷你图"组中选择"折线图"，如图 9-15 所示。

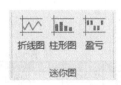

图 9-15　插入迷你图

步骤 2：在打开的"创建迷你图"对话框中的"数据范围"项选择 D2:I21，在"位置范围"项选择\$J\$2:\$J\$21，如图 9-16 所示。

步骤 3：单击"确定"按钮，在 J2:J21 单元格生成迷你折线图。在 J 列突出显示数据标记，选中编号数据区域，将数据复制到迷你图上，单击"粘贴"→"粘贴数值"→"值"，如图 9-17 所示。

图 9-16　"创建迷你图"对话框

图 9-17　粘贴选项

步骤 4：选中迷你图，单击"迷你图工具设计"选项卡，设置迷你图格式。在"显示"组中勾选"标记"复选框；在"样式"组中选择"迷你图颜色"命令，设置颜色为绿色，"粗细"为 1.5 磅；选择"标记颜色"命令，设置"高点"颜色为红色，如图 9-18 所示。

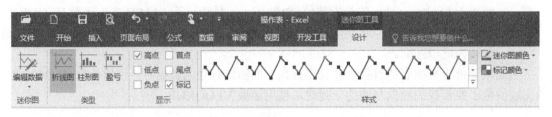

图 9-18　"迷你图工具设计"选项卡

设置完成后的最终效果如图 9-19 所示。

编号	饮料名称	单位	大坪石店	会展店	新桥店	南云溪店	科园店	南华店	销售趋势
1	统一奶茶	听	90	89	62	83	68	78	1
2	红牛	听	61	75	93	87	87	78	2
3	菠萝啤	瓶	82	82	85	65	75	98	3
4	非常可乐	瓶	55	64	90	64	70	82	4
5	苦柠檬水	听	92	93	82	97	67	80	5
6	娃哈哈果奶	瓶	91	59	69	84	84	92	6
7	葡萄汁	听	76	84	96	74	76	65	7
8	雪碧	瓶	88	87	80	87	86	95	8
9	王老吉	盒	56	80	69	74	81	100	9
10	怡宝纯净水	听	96	100	91	76	73	95	10
11	脉动	听	71	94	97	84	86	92	11
12	果粒橙	听	97	68	98	82	63	72	12
13	西柠蜜瓜汁	听	74	96	62	68	100	72	13
14	统一绿茶	盒	76	63	72	89	90	78	14
15	娃哈哈纯净	瓶	75	55	96	82	58	93	15
16	乐百氏纯净	瓶	66	64	59	85	75	64	16
17	七喜	瓶	98	65	72	86	59	62	17
18	百香果汁	瓶	79	71	83	97	62	59	18
19	可口可乐	瓶	100	91	66	59	97	94	19
20	醒目	瓶	76	65	61	68	65	56	20

图 9-19　最终效果图

9.3　案例小结

本节主要学习了条件格式、LOOKUP 函数、VLOOKUP 函数和迷你图表的运用，在实际应用中，大家还应该注意以下几点：

（1）对于一个单元格区域，可以有多个条件格式规则计算值为真。在规则的应用上有两种情况：规则不冲突和规则冲突。

1）规则不冲突。例如，如果一个规则将单元格格式设置为字体加粗，而另一个规则将同一个单元格的格式设置为红色，则该单元格的字体将被加粗并设为红色。因为这两种格式间没有冲突，所以两个规则都得到应用。

2）规则冲突。例如，一个规则将单元格字体颜色设置为红色，而另一个规则将单元格字体颜色设置为绿色。因为这两个规则冲突，所以只能应用一个规则，此时要应用优先级较高的规则（在对话框列表中的较高位置）。

（2）在使用 LOOKUP 函数查询一个明确的值或者范围的时候（也就是知道在查找的数据列是肯定包含被查找的值），查询列必须按照升序排列。如果所查询值为明确的值，则返回查询值对应的结果行，如果没有明确的值，则向下取与所查询值最近的值。若查找一个不确定的值，如查找一列数据的最后一个数值，在这种情况下，并不需要升序排列。

（3）VLOOKUP 函数中的 V 表示垂直方向。当比较值位于所需查找的数据的左边一列时使用 VLOOKUP 函数。如果 range_lookup 参数为 TRUE 或被省略，则必须按升序排列 table_array 第一列中的值；否则，VLOOKUP 函数可能无法返回正确的值。如果 range_lookup 参数为 FALSE，则不需要对 table_array 第一列中的值进行排序。如果 range_lookup 参数为 FALSE，VLOOKUP 函数将只查找精确匹配值。如果 table_array 的第一列中有两个或更多值与 lookup_value 匹配，则使用第一个找到的值。如果找不到精确匹配值，则返回错误值#N/A。

（4）在迷你图表的制作中，首先要确定用哪些数据源制作迷你图表，其次确定制作什么类型的迷你图表，最后再对图表的数据设置迷你图表格样式。

9.4　拓展训练

按下列要求对文件"素材\部门销售信息.xlsx"进行操作并保存。

请根据下列要求对部门销售信息进行统计和分析：

（1）请对"订单明细"工作表进行格式调整，通过套用表格格式方法将所有的销售记录调整为一致的外观格式，并将"单价"列和"小计"列所包含的单元格调整为"会计专用"（人民币）数字格式。

（2）根据图书编号，请在"订单明细"工作表的"图书名称"列中使用 VLOOKUP 函数完成图书名称的自动填充。"图书名称"和"图书编号"的对应关系在"编号对照"工作表中。

（3）根据图书编号，请在"订单明细"工作表的"单价"列中使用 VLOOKUP 函数完成图书单价的自动填充。"单价"和"图书编号"的对应关系在"编号对照"工作表中。

（4）在"订单明细"工作表的"小计"列中，计算每笔订单的销售额。

（5）根据"订单明细"工作表中的销售数据，统计所有订单的总销售金额，并将其填写在"统计报告"工作表的 B3 单元格中。

（6）根据"订单明细"工作表中的销售数据，统计《MS Office 高级应用》图书在 2012 年的总销售额，并将其填写在"统计报告"工作表的 B4 单元格中。

（7）根据"订单明细"工作表中的销售数据，统计隆华书店在 2011 年第 3 季度的总销售额，并将其填写在"统计报告"工作表的 B5 单元格中。

（8）根据"订单明细"工作表中的销售数据，统计隆华书店在 2011 年的每月平均销售额（保留 2 位小数），并将其填写在"统计报告"工作表的 B6 单元格中。

案例 10　商品销售图表的统计与分析

- 掌握创建图表的方法。
- 掌握修饰图表的制作方法。
- 掌握汇总图表的制作方法。
- 掌握动态图表的制作方法。

10.1　案例简介

某公司主要经营饮料产品的零售业务，该公司销售部要对饮料销售额情况进行分析，每个区将销售额和毛利润数据记录在"销售记录表"中，请大家帮助公司销售部对各饮料产品的销售额和毛利润记录进行图表统计和分析。

10.2　案例制作

本节以某公司各区销售记录作为案例，学习创建图表，修饰图表，制作动态图表统计和分析饮料的销售利润。打开文件"素材\原始表_03.xlsx"，完成如下操作。

10.2.1　创建图表

1. 复制工作表"各区销售汇总"中汇总数据（不含第 3 级明细数据，含第 2 级明细数据和汇总数据）到工作表"汇总图表"的单元格 A1 开始的区域。

步骤 1：单击分级显示符号 2，选中"销售记录表"，然后单击"开始"→"编辑"→"查找和选择"→"定位条件"，如图 10-1 所示。

步骤 2：在弹出的"定位条件"对话框中选择"可见单元格"单选按钮，如图 10-2 所示。

步骤 3：单击"确定"按钮，显示所有单元格，分别单击"复制"按钮和"粘贴"按钮，将所有可见的单元格的数据粘贴到"汇总图表"工作表 A1 开始的单元格中，如图 10-3 所示。

以分类汇总结果为基础，在"汇总图表"工作表中，使用表格中所在区、销售额和毛利润数据（不含总计数据）作为数据源，创建一个簇状柱形图，对各销售情况进行比较。

图 10-1　查找和选择

图 10-2   "定位条件"对话框

	A	B	C	D	E	F	G	H	I	J
1					**销售记录表**					
2	日期	所在区	饮料店	饮料名称	数量	单位	进价	售价	销售额	毛利润
3		A区 汇总							34526.1	12006.9
4		B区 汇总							37315.5	12924.8
5		C区 汇总							37372.5	12735
6		D区 汇总							34655	11754.5
7		E区 汇总							39525.6	12995.7
8		总计							183394.7	62416.9

图 10-3   粘贴数据

图表是将工作表中的数据用图形表示出来。图表可以使数据更加有趣、吸引人、易于阅读和评价，也可以帮助我们分析和比较数据。

当基于工作表选定区域建立图表时，使用来自工作表的值，并将其当作数据点在图表上显示。数据点用条形、线条、柱形、切片、点及其他形状表示。这些形状称作数据标示。

图表可以用来表现数据间的某种相对关系。在常规状态下，一般运用柱形图比较数据间的多少关系；用折线图反映数据间的趋势关系；用饼图表现数据间的比例分配关系。

建立了图表后，可以通过增加图表项，如数据标记、图例、标题、文字、趋势线、误差线及网格线来美化图表及强调某些信息。大多数图表项可被移动或调整大小。也可以用图案、颜色、对齐、字体及其他格式属性来设置这些图表项的格式。

步骤 4：确定数据源区域，根据要求创建图表需要各个区的销售情况，也就是"分类汇总"工作表中的分类名称（B2:B7）、销售额（I2:I7）和毛利润（J2:J7），由于不是连续的单元格区域，所以选择时首先按住鼠标左键选择 B2:B7，然后按住 Ctrl 键再依次拖选 I2:I7 和 J2:J7。

步骤 5：选择好数据区域后，单击"插入"选项卡，在"图表"组中选择"柱形图"，在弹出的下拉列表中选择"二维柱形图"中的"簇状柱形图"，如图 10-4 所示。选择完成后在工作表中会出现一个绘制好的图表，如图 10-5 所示。

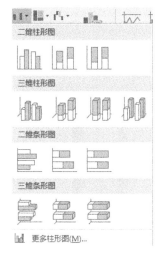

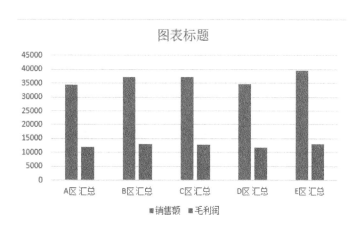

图 10-4　"柱形图"下拉列表　　　　　　图 10-5　生成的图表

10.2.2　修饰图表

（1）设置图表标题为"销售额与毛利润关系图"，置于图表上方。

选择图表，单击"图表工具"→"设计"→"图表布局"→"添加图表元素"→"图表标题"→"图表上方"，如图 10-6 所示，输入标题"销售额与毛利润关系图"。设置完成的图表标题如图 10-7 所示。

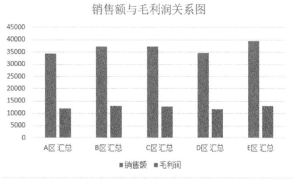

图 10-6　设置图表标题　　　　　　图 10-7　图表标题设置完成的效果

（2）设置图例。

选择图表，单击"图表工具"→"设计"→"图表布局"→"添加图表元素"→"图例"→"右侧"，如图 10-8 所示。设置完成的图例效果如图 10-9 所示。

（3）设置数据系列"毛利润"为次坐标轴；更改"毛利润"的图表类型为带数据标记的折线图。

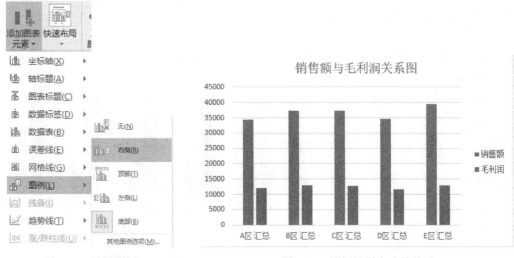

图 10-8 设置图例　　　　　　　　　　　　图 10-9 图例设置完成的效果

步骤 1：选中图表，单击"图表工具"→"设计"→"类型"→"更改图表类型"→"所有图表"→"组合"，在"为您的数据系列选中图表类型和轴"区域中的"毛利润"下拉列表中选择"带数据标记的拆线图"，勾选"次坐标轴"复选框，如图 10-10 所示。

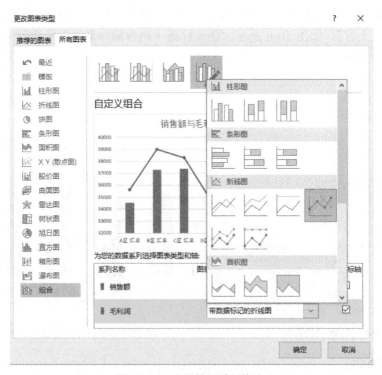

图 10-10 设置数据系列格式

步骤 2：单击"确定"按钮，折线图效果如图 10-11 所示。

（4）设置图表区填充色为"渐变填充"，渐变光圈位置 0% 和 100% 的颜色均为"橙色"；绘图区格式为"渐变填充"，渐变光圈位置 0% 和 100% 的颜色均为"绿色"。

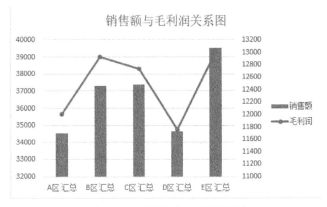

图 10-11　带数据标记的折线图

步骤 1：选择"图表区"，单击"图表工具"→"格式"，在"当前所选内容"组选择"图表区"，如图 10-12 所示，再单击"设置所选内容格式"。

图 10-12　当前所选内容

步骤 2：在弹出的"设置图表区格式"对话框中的"填充"区域选择"渐变填充"单选按钮。在"渐变光圈"区域选择"位置"为 0%处的"颜色"为橙色，"位置"为 100%处的"颜色"为橙色，如图 10-13 所示。

图 10-13　设置图表区填充色

步骤 3：单击"关闭"按钮。绘图区格式设置和图表区格式设置相同，请同学们自行设置。修饰后的图表效果如图 10-14 所示。

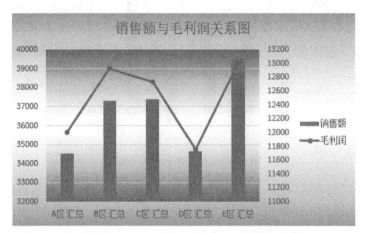

图 10-14　销售额与毛利润关系图修饰后的效果

（5）显示数据标签并将其居中放置在数据点上；在横坐标轴下方显示主要横坐标标题"饮料店"；设置主要纵坐标轴标题为"销售额"；设置次要纵坐标轴标题为"毛利润"；纵坐标轴标题均为"竖排标题"。

步骤 1：选择图表区，单击"设计"→"添加图表元素"→"数据标签"→"居中"，如图 10-15 所示。

步骤 2：选择图表区，单击"设计"→"添加图表元素"→"轴标题"→"主要横坐标轴"进行其他相应设置，如图 10-16 所示。

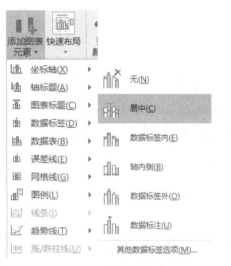

图 10-15　显示数据标签

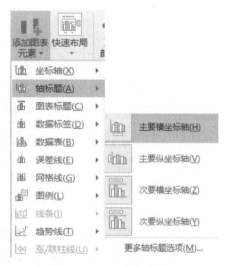

图 10-16　主要横坐标轴

步骤 3：单击"设置坐标轴标题格式"→"文本选项"，对"文本框"中的各项进行相应设置，如图 10-17 所示。

其他坐标轴标题的设置按以上操作设置完成。设置完成后的效果如图 10-18 所示。

图 10-17　文本选项设置

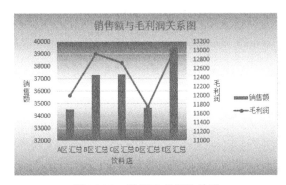

图 10-18　设置完成后的效果

10.2.3　动态图表

动态图表是图表的高级形式。动态图表可以提高分析数据的效率并提供较好的视觉效果，其核心思想是动态地改变图表数据源，一般可以通过设计控件来控制数据的来源。

（1）复制"汇总图表"工作表中的表格数据到"动态汇总图表"工作表的单元格 A1 开始的区域；插入空白的簇状柱形图；依次插入两个复选框（窗体控件）；设置控件格式中的单元格链接分别为 A11 和 A12。具体操作如下所述。

步骤 1：将"汇总图表"工作表中的所有数据复制到"动态汇总图表"工作表 A1 单元格开始区域。

步骤 2：选中空白单元格，单击"插入"→"图表"→"柱形图"→"簇状柱形图"，插入一张空白的柱形图。

步骤 3：单击"开发工具"→"控件"→"插入"→"表单控件"，选择复选框控件，如图 10-19 所示。

图 10-19　插入复选框控件

步骤 4：在工作表空白处，按鼠标左键拖动生成复选框。

步骤 5：右击复选框 1，选择"设置控件格式"命令，在弹出的"设置对象格式"对话框中选择"控制"选项卡，在"单元格链接"项选择 A11（具体格式参见图示，下同），单击"确定"按钮；右击复选框 2，选择"设置控件格式"命令，在弹出的"设置对象格式"对话框中选择"控制"选项卡，"单元格链接"项选择 A12，使复选框和图表数据源建立关系，如图 10-20所示。

图 10-20　"设置对象格式"对话框

（2）构建并定义计算公式：勾选"复选框 1"复选框时，返回区域 I3:I7 的数据；勾选"复选框 2"复选框时，返回区域 J3:J7 的数据。

步骤 1：设置"复选框 1"，选中空白单元格，输入公式=IF($A$11,$I$3:$I$7,$K$3:$K$7)（所有单元格要绝对引用），如图 10-21 所示。

图 10-21　构建并定义计算公式

步骤 2：复制该公式并定义该公式的名称。复制该公式，单击"公式"→"定义的名称"→"定义名称"（或"名称管理器"），如图 10-22 所示。

图 10-22　定义名称

步骤 3：在弹出的"新建名称"对话框中，在"名称"项输入"销售额"，将步骤 2 中复制的公式=IF($A$11,$I$3:$I$7,$K$3:$K$7)粘贴在"引用位置"处,如图 10-23 所示。单击"确定"按钮。

图 10-23 "新建名称"对话框

步骤 4:"复选框 2"的设置与"复选框 1"相同,请同学自己设置。(注意:设置"复选框 2"时的公式为=IF($A$12,$J$3:$J$7,$K$3:$K$7))。

(3)设置图表的数据源:数据系列为定义的公式中返回的数据区域 I3:I7 或 J3:J7;设置分类轴显示各区汇总名。

步骤 1:选中图表区,右击选择"选择数据"命令,弹出"选择数据"对话框,在"图列项(系列)"区域单击"添加"按钮,弹出"编辑数据系列"对话框,在"系列名称"下输入"销售额",在"系列值"下输入"=动态汇总图表!销售额",单击"确定"按钮,如图 10-24 所示。

图 10-24 设置图表的数据源

步骤 2:添加毛利润数据,具体设置如图 10-25 所示。

注意:当勾选复选框时,选择其中的数据,去掉勾选时选择空白区域。

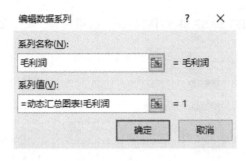

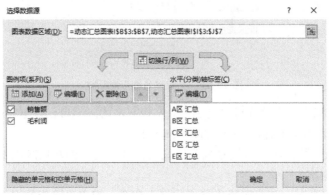

图 10-25　继续添加数据

步骤 3：在图 10-25 中的"水平(分类)轴标签"区域单击"编辑"按钮，在弹出的"轴标签"对话框中的"轴标签区域"选择"动态汇总图表"工作表的 B3:B7 区域，如图 10-26 所示。添加完数据的效果图如图 10-27 所示。

图 10-26　"轴标签"对话框

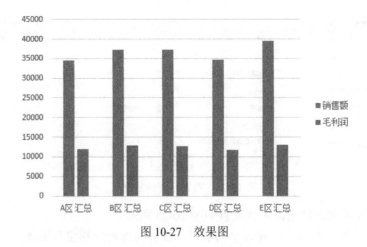

图 10-27　效果图

（4）设置纵坐标轴最大值为 40000，最小值为 10000。

选中坐标轴并右击，在弹出的快捷菜单中选择"设置坐标轴格式"命令，弹出"设置坐标轴格式"对话框中，如图 10-28 所示，单击"坐标轴选项"，在"最小值"处输入"10000.0"，在"最大值"处输入"40000.0"。

图 10-28　"设置坐标轴格式"对话框

（5）设置图表区填充色为纹理"蓝色面巾纸"，绘图区设置为"白色"。

选择图表区并右击，在弹出的快捷菜单中选择"设置图表区域格式"命令，在弹出的"设置图表区格式"对话框中的"填充"区域选择"图片或纹理填充"单选按钮，在"纹理"区域选择"蓝色面巾纸"（弹出的"纹理"界面的第四行第二列），如图 10-29 所示。绘图区颜色请同学自行设置。

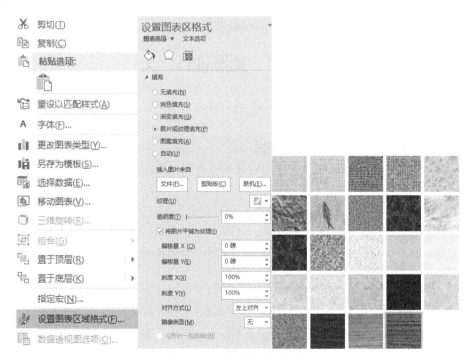

图 10-29　设置图表区格式

（6）删除控件的显示标题，调整控件位置使其显示在图例前方。

选中"复选框 1"，删除"复选框 1"文字，把复选框标识（☑）移到"销售额"前方。同样，移动"复选框 2"到"毛利润"前。动态图表的最终效果图如图 10-30 所示。

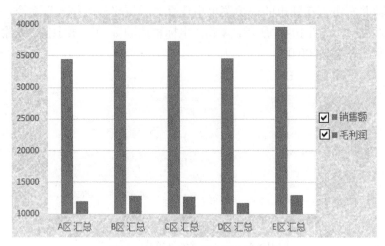

图 10-30　动态图表的最终效果图

10.3　案例小结

本节主要学习了静态图表和动态图表的运用。在实际应用中，大家还应该注意：无论用哪种方法创建动态图表，都需要经过添加数据源、制作图表和添加窗体控件三个步骤。动态图表可以在传统的平淡无奇的图表上加载神奇的动态效果。

10.4　拓展训练

按下列要求对文件"综合应用操作.xlsx"进行操作并保存，各部分最终的效果请参照文件"样表.xlsx"的相应部分。

（1）在工作表 Sheet1 中进行以下操作。

1）对图书的专业、类别和定价进行相应处理（使用 VLOOKUP 函数检索工作表 Sheet2 中的数据）。

2）计算图书销售额［销售额=销售量（本）×定价］。

（2）在指定的工作表中完成汇总统计。

1）在工作表"各专业图书定价统计"中，使用"分类汇总"计算各个专业的"定价"的最大值。

2）在工作表"各图书类别定价统计"中，使用"分类汇总"计算各个类别的"定价"的最大值。

3）在工作表"各时间出版量"中，使用"分类汇总"计算各"出版年月"的图书数量。

4）在工作表"图书统计"中，使用嵌套"分类汇总"计算各专业和各类别的"定价"的最大值。

（3）制作图表。

1）复制工作表"图书销售汇总"中的汇总数据（不含第 3 级明细数据，含第 2 级明细数据和汇总数据）到工作表 Sheet3 的单元格 A1 开始的区域，只粘贴值，不含格式。

2）在工作表 Sheet3 中插入簇状圆柱图。

3）在工作表 Sheet3 中插入一个"组合框（窗体控件）"，设置控件格式：数据源为当前工作表中的区域$C$2:$C$8；单元格链接为$A$10。

4）在工作表 Sheet3 中，利用组合框构建计算公式：在组合框中选择"大学通识类　汇总"时，返回"大学通识类　汇总"对应的数据 E2:F2；选择"电子信息与电气类　汇总"时，返回"电子信息与电气类　汇总"对应的数据 E3:F3；依次类推。公式名为"专业总和"。

5）设置图表数据源：数据系列为构建的计算公式"专业总和"的返回值；分类轴数据源为区域$E$1:$F$1。

6）调整组合框位置，将组合框显示在图例上。

案例 11　数据透视表和数据透视图的应用

- 掌握创建数据透视表的方法。
- 掌握更改数据透视表的汇总方式。
- 掌握更改数据源的方法。
- 掌握创建数据透视表的方法。

11.1　案例简介

以某公司的员工情况为例，对该公司各部门人员的学历、年龄、工资等情况进行分析，帮助该公司用数据透视表和数据透视图对员工信息进行统计和分析。

11.2　案例制作

本节以某公司各部门人员的组成为例，学习创建数据透视图和数据透视表。打开文件"素材\数据透视表和图.xlsx"，完成如下操作。

11.2.1　创建数据透视表

要创建数据透视表，必须先创建其源数据。数据透视表是根据源数据列表生成的，源数据列表中的每一列都成为汇总多行信息的数据透视表的字段，列名称为数据透视表的字段名。对源数据的要求如下：

（1）将数据整理为表格形式。

（2）数据表的第一行为列标题。

（3）表中没有任何空白行或空白列。

（4）列中的数据类型应相同。

以行为部门，列为年龄，统计各部门各年龄的人数。

步骤 1：单击源数据表中的任意一个单元格，单击"插入"→"表格"→"数据透视表"，如图 11-1 所示，打开"创建数据透视表"对话框。

图 11-1　插入数据透视表

步骤 2：在"创建数据透视表"对话框中"请选择单元格区域"下选择数据源列表区域 A1:M36，在"请选择放置数据透视表的位置"下选择"新工作表"单选按钮，如图 11-2 所示。

图 11-2　"创建数据透视表"对话框

步骤 3：在图 11-2 中单击"确定"按钮，系统将在新的工作表中添加空的数据透视表，如图 11-3 所示。

图 11-3　空的数据透视表

步骤 4：在"选择要添加到报表的字段"区域勾选"部门"复选框，将其添加到"行"标签区域；在"在以下区域间拖动字段"区域将"年龄"拖拽到"列"下方，将"姓名"拖拽到"值"下方，如图 11-4 所示。

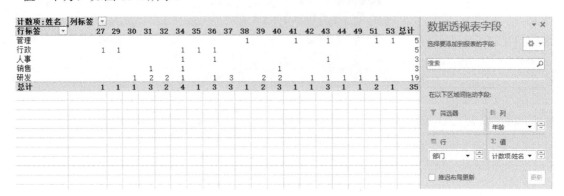

计数项:姓名	列标签																			
行标签	27	29	30	31	32	34	35	36	37	38	39	40	41	42	43	44	49	51	53	总计
管理										1			1		1		1	1		5
行政	1	1				1	1	1												5
人事						1		1						1						3
销售				1		1						1								3
研发			1	2	2	1		1	3		2	2		2		1	1		1	19
总计	1	1	1	3	2	4	1	3	3	1	2	3	1	3	1	1	2	1	1	35

图 11-4　添加数据透视表字段

注意：如果向数据透视表中添加字段，可在"数据透视表字段"对话框中勾选相应的字段名称复选框，所选字段将添加至默认区域；将非数字字段添加到"行"，将日期和时间层次结构添加到"列"，将数值字段添加到"值"；若要将字段从一个区域移到另一个区域，则将该字段拖到目标区域即可。

11.2.2　筛选数据透视表数据

（1）手动筛选。只筛选人事部门各年龄的人数。

单击图 11-4 中"行标签"旁的倒三角按钮，在弹出的界面中只勾选"人事"复选框，单击"确定"按钮，如图 11-5 所示。

图 11-5　手动筛选

（2）切片器。切片器针对行标签包含多个字段的情况。比如对各部门年龄的情况，可以选择"插入"选项卡中"筛选器"分组中的"切片器"命令创建切片器。

步骤 1：选择数据透视表，单击"数据透视表工具"→"分析"→"筛选"→"插入切片器"，在弹出的"插入切片器"对话框中勾选"部门"复选框，单击"确定"按钮，弹出"部门"切片器，如图 11-6 所示。

图 11-6　"部门"切片器

步骤 2：在"部门"切片器中单击"人事"，数据透视表就只显示人事部门的年龄情况，如图 11-7 所示。

图 11-7　人事部门年龄情况

11.2.3　更改数据透视表数据源

源数据表中添加了两名新员工信息，需要更改数据透视表数据源。

步骤 1：单击"数据透视表工具"→"分析"→"数据"→"更改数据源"，在弹出的下拉列表中选择"更改数据源"命令，如图 11-8 所示。

图 11-8　更改数据源

步骤 2：在弹出的"更改数据透视表数据源"对话框中选择"选择一个表或区域"单选按钮，并在其下的输入框中重新选择数据区域，如图 11-9 所示。

图 11-9　重新选择数据源

步骤 3：单击"确定"按钮，至此便更改了数据透视表的新数据，如图 11-10 所示。

行标签	27	29	30	31	32	34	35	36	37	38	39	40	41	42	43	44	49	51	53	总计
管理										1			1		1			1	1	5
行政	1	1				1	1	1												5
人事				1		1		1						1						4
销售					1	2						1								4
研发			1	2	2	1		1	3		2	2			1	1	1	1		19
总计	1	1	1	3	3	5	1	3	3	1	2	3	1	1	3	1	1	2	1	37

图 11-10　更改数据源的效果

11.2.4　设置数据透视表样式

选择源数据表中的任意一个单元格，单击"数据透视表工具"→"设计"→"数据透视表样式"→"其他"按钮，在弹出的界面中选择"数据透视表样式浅色 10"（样式列表的第二行四列），如图 11-11 所示。

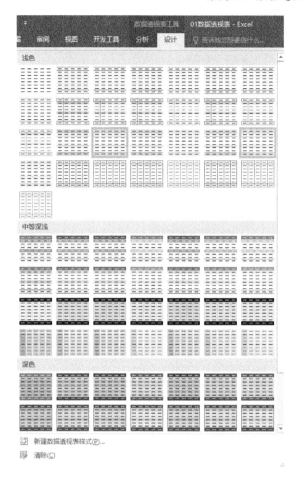

图 11-11　选择数据透视表样式

11.2.5　插入数据透视图

创建数据透视图，按部门查看平均基本工资、奖金、基础工资。

步骤 1：选择源数据表中的任意一个单元格，单击"插入"→"图表"→"数据透视图"，如图 11-12 所示。

图 11-12　插入数据透视图

步骤 2：在弹出的"创建数据透视图"对话框中选择"选择一个表或区域"单选按钮，并在其下方的输入框中选择数据源，在"选择放置数据透视图的位置"区域选择"新工作表"单选按钮，如图 11-13 所示。

步骤 3：在"数据透视图字段"对话框中勾选"部门""基本工资""奖金""基础工资"复选框，如图 11-14 所示。单击"确定"按钮。

图 11-13　"创建数据透视图"对话框

　　在弹出的"数据透视图字段"对话框中，默认情况下，"值"字段区域下显示的计算类型为求和，这里要更改"值"字段的计算类型为平均值。

　　步骤 4：单击"求和项：基本工资"字段右侧的倒三角按钮，在弹出的快捷菜单中选择"值字段设置"命令，如图 11-15 所示。

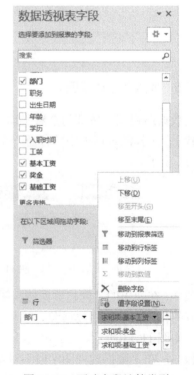

图 11-14　"数据透视图字段"对话框　　　　　　图 11-15　更改字段计算类型

步骤 5：在弹出的"值字段设置"对话框中的"计算类型"列表中选择"平均值"，如图 11-16 所示。

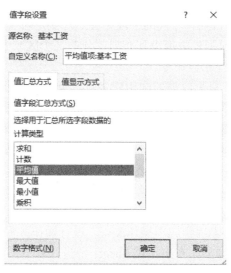

图 11-16 "值字段设置"对话框

其他字段的设置请读者按上面步骤自行设置，最终效果如图 11-17 所示。

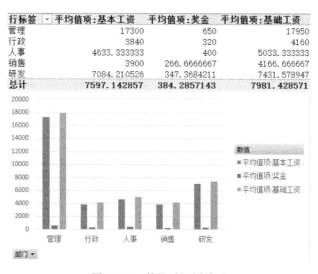

图 11-17 数据透视图效果

11.3 案例小结

本节主要学习了数据透视表和数据透视图的创建和筛选，大家还应该注意以下几点。

（1）对源数据表的要求：

1）将数据整理为表格形式。

2）数据表的第一行为列标题。

3）表中没有任何空白行和空白列。

4）列中的数据类型应相同。

（2）向数据透视表中添加字段。默认情况下，非数值字段将会自动添加到"行"，数值字段会添加到"值"，格式为日期和时间的字段则会添加到"列"。若要将字段放置到特定区域中，可以直接将字段名从字段列表中拖曳到布局部分的某个区域中；也可以在相应字段名称上右击，然后从快捷菜单中选择相应命令。

（3）如果想删除字段，只需取消勾选相应字段名复选框即可。

（4）数据透视图以图形形式呈现数据透视表中的汇总数据，其作用与普通图表相同。其与普通图表的区别在于，创建数据透视图时，数据透视图的图表区中将显示字段筛选器，以便对基本数据进行排序和筛选。

11.4　拓展训练

按下列要求对文件"素材\综合应用操作.xlsx"进行操作并保存，各部分最终的效果请参照文件"样表.xlsx"的相应部分。在工作表 Sheet1 中进行以下操作：

（1）利用上海航运交易所网站中的"一带一路"航贸指数，对"一带一路"贸易额指数、"海上丝绸之路"运价指数的年度数据创建数据透视表。

（2）筛选 2020 年 1～12 月的"一带一路"贸易额指数、"海上丝绸之路"运价指数。

（3）根据数据透视表创建数据透视图。

案例 12　演示文稿创新设计

- 掌握演示文稿的制作方法。
- 了解制作演示文稿过程中容易犯的错误。
- 掌握演示文稿的制作技巧。

12.1　案例简介

PPT 作为当下的一种交流工具，可谓是大行其道。现在一提 PPT，老师们会想到"课件"，学生们会想到"答辩"，职场人士会想到"方案"。然而事实是，在众多的 PPT 中没有几个是让人印象深刻、难以忘怀的。

近些年，学校多媒体教室增加了许多。可以发现一个规律：无论是玄乎其玄的"离散数学"课，还是引人入胜的"心理健康教育"课，授课教师都在用一些经典到"麻木"的 PPT 模板。

PPT 的设计思维非常重要，正所谓制作 PPT 是"三分技术，七分艺术"。

12.2　案例制作

1. 制作 PPT 时的注意事项

大家第一次制作 PPT 基本都是在学生时代。有时我们偶然在网站上发现了一个喜欢的图片，除了将其设为桌面外，可能还会将其用在自己的 PPT 文档中。设置背景图片通常是为了突出主题，但如图 12-1 所示的背景图片则肯定容易使人分神。

图 12-1　容易使人分神的背景

有的 PPT 文档，内容叙述唠唠叨叨，如图 12-2 所示，听演讲者在讲台上朗读这样的 PPT 内容，对于听众来说是一种折磨。

　　小新是一个年仅5岁，正在幼儿园上学的小男孩。他内心早熟，喜欢欣赏并向美女搭讪。最初小新与父亲广志和母亲美伢组成一个三人家族。随后又添加了流浪狗小白，日子虽然琐碎却不乏温馨感动。随着故事展开，又加入了新的成员，妹妹野原葵。作者臼井仪人从日常生活中的故事取材，叙述小新在日常生活中所发生的事情。小新是一个有些调皮的小孩，他喜欢别出心裁，富于幻想。
　　小新不仅深受小朋友的喜爱，也非常受大人们欢迎。小新最大的魅力在于他以儿童的纯真眼光略带调侃地看待世界。他的那些大人说来平淡无奇，而从他口里说出来令人捧腹大笑的语言，也是人们喜爱小新的重要原因。

图 12-2　大篇幅的文字影响讲述效果

听众阅读的速度远快于演讲者的朗读速度。换句话说，你的"朗读"不仅徒劳无功，更让人昏昏欲睡。简单，是 PPT 设计最关键的设计法则。所以如图 12-3 所示的 PPT 一样不可取。

人工智能

人工智能 (Artificial Intelligence)，英文缩写为AI。它是研究、并发用于模拟、延伸和扩展人的智能的理论、方法、技术及应用系统的一门新的技术科学。

人工智能是计算机科学的一个分支，它企图了解智能的实质，并生产出一种新的能以类似人类智能的方式做出反应的智能机器，该领域的研究包括机器人、语言识别、图像识别、自然语言处理和专家系统等。人工智能从诞生以来，理论和技术日益成熟，应用领域也不断扩大，可以设想，未来人工智能带来的科技产品，将会是人类智慧的"容器"。人工智能可以对人的意识、思维的过程进行模拟。人工智能不是人的智能，但能像人那样思考，也可能超过人的智能。

图 12-3　文字过多影响效果

2. 清晰的文字很重要

有的 PPT 很简洁，构图也很美观，但却往往忽略了其他方面的设计，如图 12-4 所示。这里要注意的是，主、副标题信息要完整，副标题不要喧宾夺主，不要将文字直接写在背景图片上，否则由于背景图很花哨，将使文字难以辨认。在文字后面加上半透明的白色背景，就完美地解决了这个问题，而且不影响画面的美观，如图 12-5 所示。

图 12-4　在背景图片上直接写文字

图 12-5　增加半透明的白色背景

3.　不一样的自我介绍

如果要制作一个自我简介的 PPT，大家也许会做成如图 12-6 所示的样式。

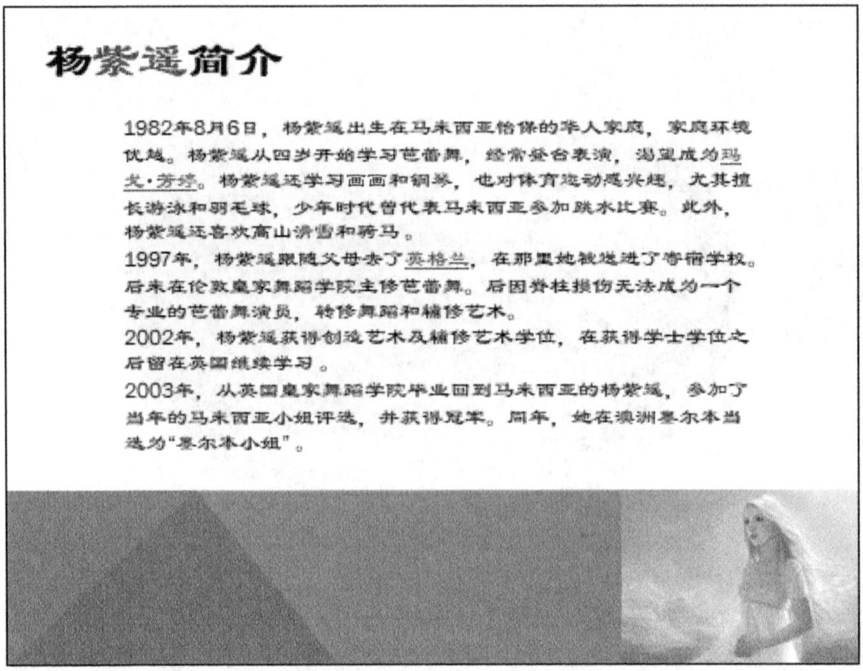

图 12-6　平凡的自我简介

为什么不尝试用一种全新的方式制作一个自我简介呢？如图 12-7 所示。

图 12-7　不一样的自我简介

现在大家都知道谁是"紫遥"了吧。看了这个 PPT，有没有对自己的 PPT 设计有一些启发呢？

注意： 制作 PPT 的唯一目的就是为了更好的沟通。

（1）客户永远是缺乏耐心的，所以他们绝对不会看长篇大论的文档。

（2）老板永远是没有时间的，所以他们没空听你唠唠叨叨讲个不停。

（3）听众永远是喜新厌旧的，所以他们不会喜欢中规中矩的文字和图片。

（4）学生永远是天马行空的，所以他们不会记住 PPT 上的公式和数据。

4. 一目了然的重要性

听众可能没有时间思考，或者根本不愿意思考。这就意味着，演讲者设计的每一个页面应该是不言而喻、一目了然、能够自我解释的。PPT 设计的最高目标就是让每一页都能够不言而喻，普通用户只需要看一眼就知道它在讲什么。看图 12-8 所示的 PPT 页面，就知道一目了然有多重要了。

图 12-8　一目了然的设计

看到上面这个 PPT，内容不言而喻，意义绝对"非同凡响"，读者马上就知道了"快车"业务的覆盖范围有多广。

5. 摆事实不如讲故事

都说交通事故猛如虎，如果大家听一场关于交通安全的报告，看到的是图 12-9 所示的 PPT。

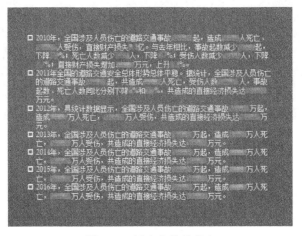

图 12-9　以文字呈现事实

看到这些数字（图中隐去），你觉得听众会为这些数字触动吗？也许有的人会说："媒体的话你也信，他们就是唯恐天下不乱。这些数字是从哪里弄来的？自己编的吧？"

数据就是这样客观存在的、生硬的、没有感情的。如果想让听众得到共鸣，就必须讲大家都能"听懂"的故事。

如果把数据转化为故事，如图 12-10 所示，这样的故事胜过千言万语。

（a）沉思……

（b）哀悼……

图 12-10　将数据转化为故事

6. 字不如表，表不如图

"字不如表，表不如图"，是另外一条 PPT 设计准则。也就是说，能用图表达的不要用表，能用表表达的不要用文字，尽量杜绝长篇大论。

有时候如果内容过多或者实在无法用图表现，就用表格来表现。表格最大的特点就是可提供详尽的清单。演讲者如果想让单调的数字变得精彩，先要问自己两个问题：表格信息可否归类？能否图形化？如果答案是肯定的，那就请发挥自己的聪明才智，将单调的文字改成图片，如图 12-11 所示。

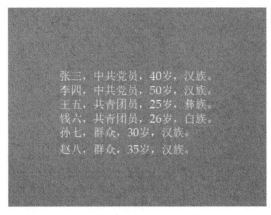

（a）纯文字

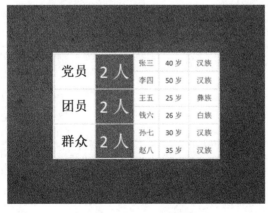

（b）将文字改成表格

（c）将表格改成图片

图 12-11　将单调的文字改成图片

7. PPT 正文的"傻瓜"法则

（1）每页只有一个主题。

（2）每页不超过三种颜色。

（3）每页不要超过三种字体。

（4）插入的是图片而不是剪贴画。

8. PPT 中人物图片的处理

在 PPT 中会不可避免地涉及人物图片。对于人物图片，一般要遵守以下几条法则。

（1）人物视线朝向内侧。在任何图片中，眼睛永远都是视觉的中心，观众的目光也会很自然地移到图片中人物的视觉方向。所以图片中人物的视线应该尽量朝向文字方向，如图 12-12 所示。

图 12-12　人物视线朝向内侧

（2）若是两张人物图片，应该视线平齐且目光相对，这样可以很自然地营造谈话气氛，否则会有散乱感，如图 12-13 所示。

图 12-13　图片中人物的视线关系

（3）注意图片的上下关系。在人与物混搭的图片中，要特别注意人与物的顺序，如图 12-14 所示。

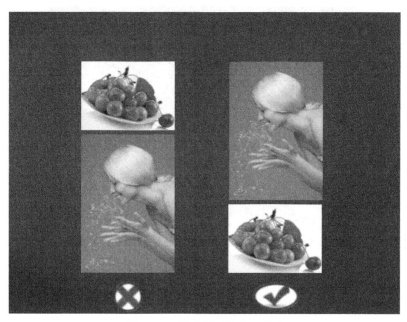

图 12-14　注意图片的上下关系

9．总结

以上给大家介绍了制作 PPT 的一些关键原则和要领，只有掌握正确的设计思想和方法，才有可能制作出与众不同的 PPT，如图 12-15 所示。

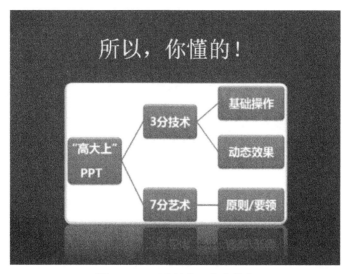

图 12-15　三分技术，七分艺术

　　这不是结束，而仅仅是开始，希望对读者今后制作 PPT 有所启发。很多时候我们缺的不是操作技巧，而是正确的思考方式，如图 12-16 所示。

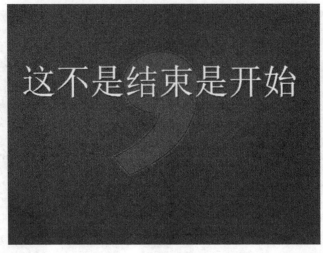

图 12-16　这不是结束，是开始

案例 13　演示文稿制作

- 掌握演示文稿的制作方法。
- 掌握在演示文稿中插入对象的方法。
- 掌握格式化演示文稿的方法。
- 掌握设置演示文稿的放映方式和切换效果的方法。

13.1　案例简介

为弘扬中华民族优秀传统文化，学校举办了师生剪纸作品展，为配合作品展的宣传活动，我们要制作剪纸作品展演示文稿。

13.2　案例制作

13.2.1　演示文稿的创建方法

演示文稿的创建有 3 种方法：利用空白演示文稿新建演示文稿、利用主题创建演示文稿、利用模板创建演示文稿。打开 PowerPoint 时可选择创建演示文稿的方式，如图 13-1 所示。

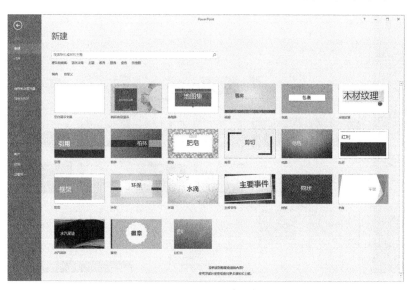

图 13-1　PowerPoint 创建演示文稿界面

（1）利用空白演示文稿新建演示文稿。建立空白演示文稿的方法是，单击"新建"→"空白演示文稿"图标，出现如图 13-2 所示的窗口。空白演示文稿就是一张空白的幻灯片，所有的文字、图片、声音等对象都需要我们自己添加。这种空白演示文稿适合素材储备比较丰富，操作能力比较强并且制作时间比较宽松的制作者。此类演示文稿的优点是，其为完全绝对的原创作品，可以充分发挥制作者的聪明才智和创新理念；缺点是制作起来比较麻烦，制作周期比较长，对制作者的审美、制作能力要求比较高。

图 13-2　空白演示文稿界面

　　（2）利用主题创建演示文稿（以"环保"主题为例）。单击"新建"按钮，然后在出现的演示文稿主题图标中选择"环保"主题图标，如图 13-3 所示。

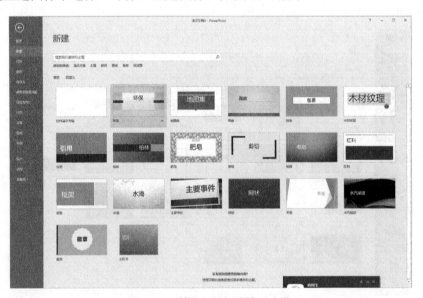

图 13-3　利用主题创建演示文稿

　　这时系统就会到微软网站去下载"环保"主题，下载完成后会出现如图 13-4 所示的窗口。

图 13-4　环保主题演示文稿

　　利用主题创建的演示文稿只是创建了一种演示文稿的风格，演示文稿中的文字、图片、声音等对象也需要制作者自行添加，但演示文稿整体风格已经确定了，这样就不用花费大量精力去修饰演示文稿的背景等信息，制作者可以专心去修饰文字和美化图片等。利用"主题"创建的演示文稿适合有一定的素材储备，并且有一定的制作能力，但对整体风格把握不是很准确的制作者。这种演示文稿的制作周期比空白演示文稿的制作周期要短，适合制作时间不是很宽松的制作者。

　　（3）利用"模板"制作演示文稿（以"学校设计"模板为例）。单击"新建"按钮，然后在出现的演示文稿模板图标中选择"学校设计演示文稿"模板图标，如图 13-5 所示。

图 13-5　学校设计演示文稿模板

利用模板创建的演示文稿实质上就是一个完整的幻灯片，演示文稿中的文字、图片、声音、动画等对象基本都有，只需要稍加修改就能完成一个功能相对完善、效果比较出众的演示文稿。这种演示文稿的制作方法适合基本没有素材储备，制作能力不足，制作时间比较紧张的制作者。其优点是制作时间短，制作效果比较不错，工作量比较少；缺点是该演示文稿完全不是原创作品，缺乏创新，没有新意，可能与其他人制作的演示文稿相似度比较高。

13.2.2 奥运剪纸作品展演示文稿的制作

为了迎接奥运会的举办，××学院举办了师生剪纸作品展，为配合作品展的宣传活动制作剪纸作品展演示文稿。操作步骤如下所述。

步骤 1：单击"文件"选项卡，选择"新建"命令，在右侧图示栏中选择"空白演示文稿"。

步骤 2：单击"设计"选项卡，在"主题"组中选择"主要事件"主题，并按案例要求新建几张空白幻灯片，如图 13-6 所示。

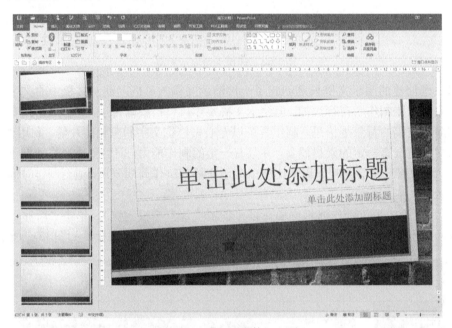

图 13-6 "主要事件"主题

步骤 3：在首页标题和副标题处添加文字，如图 13-7 所示。

图 13-7 幻灯片首页添加标题和副标题文字

步骤 4：在幻灯片第 2 页添加文字标题和文字内容并调整文本框大小和位置，单击"插入"选项卡，选择"图像"组中的"图片"，在出现的"插入图片"对话框中浏览素材文件夹，并选择相应的图片文件，如图 13-8 所示。

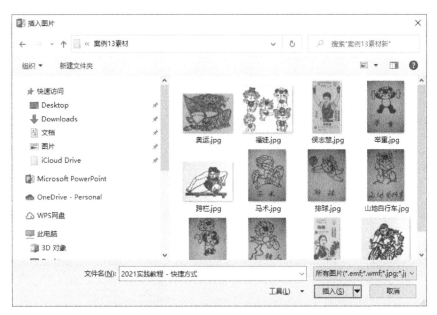

图 13-8　在幻灯片中插入图片

步骤 5：重复步骤 4，在幻灯片其他页分别插入文字和图片，如图 13-9 所示。

图 13-9　在幻灯片其他页插入文字和图片

13.2.3 格式化演示文稿

（1）文字格式化。单击 Home 选项卡"字体"对话框启动器，打开"字体"对话框，可以对文字的字体、字号、字体颜色、字符间距等进行设置，如图 13-10 所示。

图 13-10 "字体"对话框

（2）段落格式化。单击 Home 选项卡"段落"对话框启动器，打开"段落"对话框，可以对段落缩进、间距、行距、对齐方式等进行设置，如图 13-11 所示。

图 13-11 "段落"对话框

（3）对象格式化。利用不同的对象格式工具选项卡，可以对插入的文本框、图片、表格、图表等对象进行格式化操作，对象格式化包括设置填充颜色、阴影、边框、样式等效果，如图 13-12 所示（以图片对象为例）。

图 13-12 对象格式化

13.2.4 演示文稿的放映方式和切换效果

（1）单击"幻灯片放映"选项卡，可以选择需要的放映方式，如图 13-13 所示。

图 13-13 幻灯片的放映方式

（2）单击"切换"选项卡，可以选择需要的切换效果，如图 13-14 所示。

图 13-14 幻灯片的切换效果

13.3 案例小结

本节主要学习了演示文稿的 3 种创建方法以及简单的演示文稿制作流程，并在制作过程中通过文字格式化、段落格式化、对象格式化对幻灯片进行初步美化。幻灯片制作完成后，可以通过选择放映方式和切换效果对幻灯片进行播放设置。

13.4 拓展训练

按要求完成下列操作，制作演示文稿，幻灯片效果见文件"效果示例.mp4"。

1. 新建一个空白演示文稿，文件名为"PPT 简单设计.pptx"。
2. 要求至少制作五张幻灯片。
3. 要求幻灯片中有文字、图片、声音、背景音乐（跨页播放）。
4. 要求内容积极向上，传播正能量。

案例 14 会议流程演示文稿制作

- 掌握幻灯片切换效果的设置方法。
- 掌握动画效果的设置方法。
- 掌握幻灯片播放技巧。

14.1 案例简介

会议是公司必不可少的一种交流形式。某公司某次会议的目的是要求全体人员共同努力来完成一项任务。通过所给的素材和要求制作一个关于"会议流程"的演示文稿。

14.2 案例制作

打开"素材\会议流程"文件夹中的"会议流程.pptx"文件,根据文件夹下的素材,按照下列要求完善此文稿并保存。

14.2.1 动画效果的设置

(1)第一张幻灯片。红色矩形背景及"2021"的进入设置为"擦除"、效果选项为"自底部"、动画时间为"上一动画之后"、持续时间为 0.5 秒;白色圆角矩形的进入设置为"擦除"、效果选项为"自左侧"、动画时间为"上一动画之后"、持续时间为 0.5 秒;"人物"图片的进入设置为"螺旋飞入"、动画时间为"上一动画之后"、持续时间为 0.1 秒;"新超越 新征程"图片的进入设置为"翻转式由远及近"、动画时间为"上一动画之后"、持续时间为 0.1 秒;"中国人工智能研讨会"文本的进入设置为"挥鞭式"、效果选项为"作为一个对象"、动画时间为"上一动画之后"、持续时间为 0.5 秒。

(2)第二张幻灯片。红色矩形背景的进入设置为"擦除"、效果选项为"自底部"、动画时间为"上一动画之后"、持续时间为 0.5 秒;"人物"图片的进入设置为"螺旋飞入"、动画时间为"上一动画之后"、持续时间为 0.1 秒;白色矩形的进入设置为"擦除"、效果选项为"自顶部"、动画时间为"上一动画之后"、持续时间为 0.5 秒;CONTENTS 文本的进入设置为"挥鞭式"、效果选项为"作为一个对象"、动画时间为"上一动画之后"、持续时间为 0.5 秒;三条直线的进入设置为"擦除"、效果选项为"自顶部"、动画时间为"上一动画之后"、持续时间为 0.5 秒;"01 会前准备、02 会议期间、03 会议后期"组合的进入设置为"基本缩放"、效果选项为"切入"、动画时间为"上一动画之后"、持续时间为 0.5 秒。

(3)第三张幻灯片。红色矩形背景的进入设置为"擦除"、效果选项为"自底部"、动画时间为"上一动画之后"、持续时间为 0.5 秒;白色圆角矩形的进入设置为"擦除"、效果选项为"自左侧"、动画时间为"上一动画之后"、持续时间为 0.5 秒；"云"图片的进入设置为"翻转式由远及近"、动画时间为"上一动画之后"、持续时间为 0.1 秒；"01"图片的进入设置为"基本缩放"、效果选项为"切入"、动画时间为"上一动画之后"、持续时间为 0.5 秒；"会前准备"文本的进入设置为"基本缩放"、效果选项为"切入"、动画时间为"上一动画之后"、持续时间为 0.5 秒；"人物"图片的进入设置为"淡出"、动画时间为"上一动画之后"、持续时间为 0.5 秒；"人物"图片的动作设置为"直线"、效果选项为"右"、动画时间为"上一动画之后"、持续时间为 0.2 秒。

（4）第四张幻灯片。红色矩形框的进入设置为"轮子"、效果选项为"1 轮辐图案（1）"、动画时间为"上一动画之后"、持续时间为 0.2 秒；"人物"图片的进入设置为"淡出"、动画时间为"上一动画之后"、持续时间为 0.5 秒；"1.确定会议主题，流程以及时间"文本的进入设置为"飞入"、效果选项为"自底部"、动画时间为"上一动画之后"、持续时间为 0.5 秒；"笔记本"图片、"组合"的进入设置为"劈裂"、效果选项为"左右向中间收缩"、动画时间为"上一动画之后"、持续时间为 0.5 秒。

（5）第五张幻灯片。红色矩形框的进入设置为"轮子"、效果选项为"1 轮辐图案（1）"、动画时间为"上一动画之后"、持续时间为 0.2 秒；"人物"图片、"2.安排会议场所，发布会议通知"文本的进入设置为"飞入"、效果选项为"自底部"、动画时间为"上一动画之后"、持续时间为 0.5 秒；"01、02、03"组合的进入设置为"浮入"、效果选项为"上浮"、动画时间为"上一动画之后"、持续时间为 0.1 秒；文本的进入设置为"形状"、效果选项为"切入"、动画时间为"上一动画之后"、持续时间为 0.2 秒。

（6）第六张幻灯片。红色矩形背景的进入设置为"擦除"、效果选项为"自底部"、动画时间为"上一动画之后"、持续时间为 0.5 秒；白色圆角矩形的进入设置为"擦除"、效果选项为"自左侧"、动画时间为"上一动画之后"、持续时间为 0.5 秒；"人物"图片的进入设置为"螺旋飞入"、动画时间为"上一动画之后"、持续时间为 0.1 秒；"云"图片的进入设置为"翻转式由远及近"、动画时间为"上一动画之后"、持续时间为 0.1 秒；"02"图片的进入设置为"基本缩放"、效果选项为"切入"、动画时间为"上一动画之后"、持续时间为 0.5 秒；"会议期间"文本的进入设置为"基本缩放"、效果选项为"切入"、动画时间为"上一动画之后"、持续时间为 0.5 秒。

（7）第七张幻灯片。红色矩形框的进入设置为"轮子"、效果选项为"1 轮辐图案（1）"、动画时间为"上一动画之后"、持续时间为 0.2 秒；"人物"图片的进入设置为"飞入"、效果选项为"自底部"、动画时间为"上一动画之后"、持续时间为 0.5 秒；两张图片的进入设置为"劈裂"、效果选项为"左右向中间收缩"、动画时间为"上一动画之后"、持续时间为 0.5 秒；"会议主持、礼仪接待、现场拍摄、会议记录"文本的进入设置为"翻转式由远及近"、动画时间为"上一动画之后"、持续时间为 0.1 秒。

（8）第八张幻灯片。红色矩形框的进入设置为"轮子"、效果选项为"1 轮辐图案（1）"、动画时间为"上一动画之后"、持续时间为 0.2 秒；"人物"图片和文本组合的进入设置为"飞入"、效果选项为"自底部"、动画时间为"上一动画之后"、持续时间为 0.5 秒；四个组合的进入设置为"翻转式由远及近"、动画时间为"上一动画之后"、持续时间为 0.1 秒。

（9）第九张幻灯片。红色矩形背景的进入设置为"擦除"、效果选项为"自底部"、动画时间为"上一动画之后"、持续时间为 0.5 秒；白色圆角矩形的进入设置为"擦除"、效果选项为"自左侧"、动画时间为"上一动画之后"、持续时间为 0.5 秒；"人物"图片的进入设置为"螺旋飞入"、动画时间为"上一动画之后"、持续时间为 0.1 秒；"云"图片的进入设置为"翻转式由远及近"、动画时间为"上一动画之后"、持续时间为 0.1 秒；"03"图片的进入设置为"基本缩放"、效果选项为"切入"、动画时间为"上一动画之后"、持续时间为 0.5 秒；"会议后期"文本的进入设置为"基本缩放"、效果选项为"切入"、动画时间为"上一动画之后"、持续时间为 0.5 秒。

（10）第十张幻灯片。红色矩形框的进入设置为"轮子"、效果选项为"1 轮辐图案（1）"、动画时间为"上一动画之后"、持续时间为 0.2 秒；"人物"图片的进入设置为"飞入"、效果选项为"自底部"、动画时间为"上一动画之后"、持续时间为 0.5 秒；两张图片的进入设置为"劈裂"、效果选项为"左右向中间收缩"、动画时间为"上一动画之后"、持续时间为 0.5 秒；"会议主持、礼仪接待、现场拍摄、会议记录"文本的进入设置为"翻转式由远及近"、动画时间为"上一动画之后"、持续时间为 0.1 秒。

（11）第十一张幻灯片。红色矩形框的进入设置为"轮子"、效果选项为"1 轮辐图案（1）"、动画时间为"上一动画之后"、持续时间为 0.2 秒；"人物"图片和文本的进入设置为"飞入"、效果选项为"自底部"、动画时间为"上一动画之后"、持续时间为 0.5 秒；"01、02、03、04"组合图片的进入设置为"劈裂"、效果选项为"左右向中间收缩"、动画时间为"上一动画之后"、持续时间为 0.5 秒。

（12）第十二张幻灯片。采用红色矩形背景，"2021"的进入设置为"擦除"、效果选项为"自底部"、动画时间为"上一动画之后"、持续时间为 0.5 秒；白色圆角矩形的进入设置为"擦除"、效果选项为"自左侧"、动画时间为"上一动画之后"、持续时间为 0.5 秒；"人物"图片的进入设置为"螺旋飞入"、动画时间为"上一动画之后"、持续时间为 0.1 秒；"新超越 新征程"图片的进入设置为"基本缩放"、效果选项设置为"切入"、动画时间为"上一动画之后"、持续时间为 0.5 秒；"感谢聆听"文本的进入设置为"挥鞭式"、效果选项为"作为一个对象"、动画时间为"上一动画之后"、持续时间为 0.5 秒。

完成上述动画效果设置的操作步骤如下所述。

步骤 1：选择左边空格第一张幻灯片，为红色背景设置动画。单击"动画"→"动画"→"其他"按钮，在弹出的界面中选择"进入"→"擦除"，如图 14-1 所示，单击"确定"按钮。

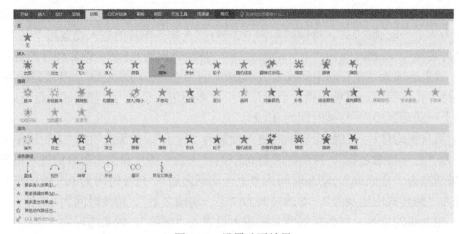

图 14-1　设置动画效果

步骤 2：单击"效果选项"下拉按钮，选择"自底部"菜单命令，如图 14-2 所示。

图 14-2　效果选项设置

步骤 3：动画计时设置。单击"动画"→"计时"→"开始"，在弹出的下拉列表中选择"上一动画之后"命令，如图 14-3 所示。

图 14-3　动画计时设置

步骤 4：在"高级动画"组中单击"动画窗格"，弹出"动画窗格"对话框，如图 14-4 所示，单击相应播放按钮显示动画效果。

图 14-4　"动画窗格"对话框

第一张和第二张幻灯片的其他文本和图片设置同上，请参考设置要求进行设置。

步骤 5：添加动画。选择"人物"图片，单击"动画"→"动画""→"其他"按钮，在弹出的界面中选择"进入"→"淡出"。选择"计时"组，在"开始"项中选择"上一动画之后"，在"持续时间中"中输入 00.50。选择第二个动画，在"高级动画"组中单击"添加动画"，在弹出的界面中选择"动作路径"中的"直线"，在"效果选项"中选择"向右"，在"计时"组的"开始"项中选择"上一动画之后"，在"持续时间"中输入 02.00，如图 14-5 所示。

其他几张幻灯片的动画设置同上，请参考设置要求进行设置。

图 14-5 添加动画设置

14.2.2 切换效果的设置

（1）第二张、第五张、第八张幻灯片切换效果为"翻转"，效果选项为"向右"，持续时间为 1.25 秒，换片方式为"设置自动换片时间"。

（2）第三张幻灯片切换效果为"帘式"，持续时间为 6.00 秒，换片方式为"设置自动换片时间"。

（3）第四张、第六张、第九张、第十二幻灯片切换效果为"立方体"，效果选项为"自右侧"，持续时间为 1.20 秒，换片方式为"设置自动换片时间"。

（4）第十张、第十一张幻灯片切换效果为"切换"，效果选项为"向右"，持续时间为 1.25 秒，换片方式为"设置自动换片时间"。

步骤 1：选择第二张幻灯片，单击"切换"→"切换到此幻灯片"→"其他"→"华丽型"→"翻转"，如图 14-6 所示。

步骤 2：单击"切换"→"切换到此幻灯片"→"效果选项"→"向右"，如图 14-7 所示。

步骤 3：在"计时"组中的"声音"项选择"无声音"，这是因为已添加了声音文件。在"切片方式"下勾选"设置自动切片时间"复选框，在其后的输入框中设置需要的时间（如 1 秒），如图 14-8 所示。

图 14-6　幻灯片切换效果

图 14-7　效果选项　　　　　　图 14-8　设置自动换片方式

第三至第十二张幻灯片的切换效果可参照上述操作，根据要求自己设置。

14.2.3　幻灯片放映方式的设置

设置幻灯片的放映方式为演讲者放映。

步骤 1：单击"幻灯片放映"→"设置"→"设置幻灯片放映"，在弹出的"设置放映方式"对话框中选择"放映类型"下的"演讲者放映（全屏幕）"单选按钮，选择"放映幻灯片"下的"全部"单选按钮，选择"换片方式"下的"如果存在排练时间，则使用它"单选按钮，单击"确定"按钮，如图 14-9 所示。

为了使幻灯片播放时间更加准确，更接近真实的演讲状态时的时间，可以使用排练计时功能，在预演的过程中记录下幻灯片中动画切换的时间。

步骤 2：单击"幻灯片放映"→"设置"→"排练计时"，进入排练计时的放映状态，如图 14-10 所示。

在幻灯片放映过程中我们可根据实际情况进行放映预演，排练计时功能将自动记录下各幻灯片的显示时间及动画的播放时间等信息。

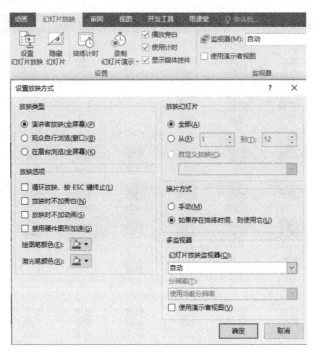

图 14-9   幻灯片放映方式的设置

图 14-10   排练计时

14.3   案例小结

本节主要学习了 PowerPoint 2016 中演示文稿的幻灯片制作、动画效果的设置、切换效果的设置、幻灯片的放映等操作方法，合理使用动画可以增加演示文稿的交互性。其中动画是演示文稿的精华，可以为幻灯片中的对象赋予进入、退出、强调和路径等视觉效果。动画效果可以单独使用，也可以多种效果组合在一起使用。合理运用幻灯片切换效果和动画的组合可以使演示文稿变成一部影片。

14.4   拓展训练

按下列要求完成操作。制作演示文稿，幻灯片效果见文件"效果示例.mp4"（见本书提供的素材文件）。

（1）建立一个新演示文稿，文件名为"PPT 综合设计.pptx"。

（2）编辑幻灯片母版。

1）编辑幻灯片主母版：在幻灯片右下角插入"图片 2"，图片大小为高 9.75 厘米、宽 11.7

厘米；图片置于底层；标题格式为微软雅黑、字号 40、文字阴影，字体颜色为"橄榄色，强调文字颜色 3，深色 50%"；文本格式为无项目符号、微软雅黑，字体颜色为"黑色，文字 1"，首行缩进 1.27 厘米，1.5 倍行距。

2）编辑标题幻灯片版式：在幻灯片中插入"图片 1"，图片大小为高 19.05 厘米、宽 25.4 厘米；图片置于底层，位置见文件"效果示例.mp4"；标题格式为华文中宋、字号 60、加粗、文字阴影，字体颜色为"橄榄色，强调文字颜色 3，深色 50%"；标题占位符大小为高 5.2 厘米、宽 14.4 厘米；调整占位符到幻灯片合适位置，位置见文件"效果示例.mp4"；删除副标题占位符。

3）将编辑好的母版保存到当前主题中，文件名为"综合设计.thmx"。

（3）制作幻灯片。

1）第一张幻灯片的版式为"标题幻灯片"，在其中输入文字"四川风光欣赏"。

2）第二张幻灯片的版式为"标题和内容"，在其中输入文字，文字可从文件"文字素材.txt"中复制，文字内容见"效果示例.mp4"；在幻灯片中插入图片"青城山 1"和"青城山 2"。

3）第三张幻灯片的版式为"标题和内容"，在其中输入文字，文字可从文件"文字素材.txt"中复制，文字内容见"效果示例.mp4"；在幻灯片中插入图片"峨眉山 1"和"峨眉山 2"。

4）第四张幻灯片的版式为"标题和内容"，在其中输入文字，文字可从文件"文字素材.txt"中复制，文字内容见"效果示例.mp4"；在幻灯片中插入图片"九寨沟 1"和"九寨沟 2"。

5）第五张幻灯片的版式为"空白幻灯片"，在其中插入图片及输入相应文字，图片见文件"第五张幻灯片图片素材.pptx"，文字内容见"效果示例.mp4"，位置不限，自己设置。

6）第六张幻灯片的版式为"标题幻灯片"，在其中输入文字"还有……"。

（4）设置图片格式。

1）第二张幻灯片：图片"青城山 1"格式为图片大小"高 11.8 厘米、宽 15.42 厘米"，图片样式为"棱台矩形"；图片"青城山 2"格式为图片大小"高 12.2 厘米、宽 16.3 厘米"，图片样式为"金属椭圆"。

2）第三张幻灯片：图片"峨眉山 1"格式为图片大小"高 11.85 厘米、宽 21.17 厘米"，图片样式为"矩形投影"；图片"峨眉山 2"格式为图片大小"高 13.79 厘米、宽 17.64 厘米"，图片样式为"旋转，白色"。

3）第四张幻灯片：图片"九寨沟 1"格式为图片大小"高 12.88 厘米、宽 19.4 厘米"，图片样式为"柔化边缘矩形"；图片"九寨沟 2"格式为图片大小"高 12.44 厘米、宽 20.15 厘米"，图片样式为"圆形对角，白色"。

（5）插入音频。

在第一张幻灯片的左下角插入音频"夜的钢琴曲.mp3"，音频选项设置为跨幻灯片播放，放映时隐藏。

（6）设置动画。

1）第二张幻灯片：文本的进入动画为"形状"，效果选项为方向"放大"，形状为"圆"，序列为"按段落"；图片"青城山 1"的进入动画为"翻转式由远及近"，退出动画为"轮子"，效果选项为"1 轮辐图案（1）"；图片"青城山 2"的进入动画为"缩放"，效果选项为消失点"对象中心"，退出动画为"浮出"，效果选项为方向"下浮"。动画播放顺序见文件"效果示例.mp4"。

2）第三张幻灯片：文本的进入动画为"挥鞭式"，效果选项为序列"按段落"，动画文本为"按字母"；图片"峨眉山 1"的进入动画为"劈裂"，效果选项为方向"中央向上下展开"，退出动画为"随机线条"，效果选项为方向"水平"；图片"峨眉山 2"的进入动画为"浮入"，效果选项为方向"上浮"，退出动画为"玩具风车"。动画播放顺序见文件"效果示例.mp4"。

3）第四张幻灯片：文本的进入动画为"飞入"，效果选项为方向"自底部"，动画文本为"按字/词"；图片"九寨沟 1"和图片"九寨沟 2"的进入动画均为"字幕式"。动画播放顺序见文件"效果示例.mp4"。

4）第五张幻灯片："剑门关"图片及文字的进入动画均为"浮入"，效果选项为方向"上浮"，两个动画同时启动；"乐山大佛"图片及文字的进入动画均为"轮子"，效果选项为轮辐图案"8 轮辐图案（8）"，两个动画同时启动；"成都"图片及文字的进入动画均为"劈裂"，效果选项为方向"中央向上下展开"，两个动画同时启动；"都江堰"图片及文字的进入动画均为"弹跳"，两个动画同时启动；"康定"图片及文字的进入动画均为"翻转式由远及近"，两个动画同时启动。动画播放顺序见文件"效果示例.mp4"。

5）第六张幻灯片：文本的进入动画为"弹跳"。

（7）设置幻灯片的切换效果。幻灯片的切换效果为"随机线条"，应用于所有幻灯片。

案例 15　网络连线实验

- 掌握网线制作的方法并独立完成网线的制作。
- 掌握网线的色彩标记和连接方法。
- 掌握 RJ-45 插头的使用技巧和网线制作工具的使用。

15.1　案例简介

掌握使用双绞线作为传输介质的网络连接方法，学会制作两种类型的水晶头，掌握测线仪的使用方法。

15.2　案例制作

图 15-1 所示为实验工具和材料，包括网线（5 类双绞线）、RJ-45 水晶头、网线钳、网线测试仪（或万用表）。

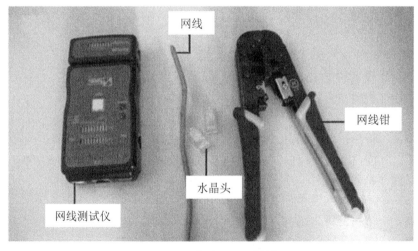

图 15-1　实验工具和材料

15.2.1　操作要求

（1）仔细阅读实验文档，决定实验环境中需要制作的网线的类型和需要使用的线序。

（2）非屏蔽双绞线的六种类型见表 15-1。

表 15-1   非屏蔽双绞线的六种类型

类别	用途	应用领域
CAT 1	可传送语音，不用于传输数据，常见于早期的电话线路	电信系统
CAT 2	可传输语音和数据，常见于 ISDN 和 T1 线路	
CAT 3	带宽 16MHz，用于 10Base T，制作质量严格的 3 类线，也可用于 100Base T	计算机网络
CAT 4	带宽 20MHz，用于 10Base T 或 100Base T	
CAT 5	带宽 100MHz，用于 10Base T 或 100Base T，制作质量严格的 5 类线，也可用于 1000Base T	
CAT 6	带宽高达 200MHz，可稳定运行于 1000Base T	

实验使用的双绞线是 5 类线，由 8 根线组成，颜色分别为橙白、橙、绿白、绿、蓝白、蓝、棕白、棕。

（3）RJ-45 连接器和双绞线线序。RJ-45 水晶头由金属片和塑料构成，特别需要注意的是引脚序号，当金属片面对我们的时候，从左至右引脚序号分别是 1～8，制作网线时引脚序号非常重要，不能搞错。RJ-45 水晶头如图 15-2 所示。

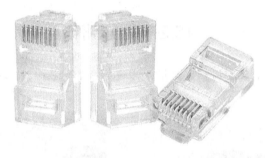

图 15-2   RJ-45 水晶头

工程中使用比较多的是 T568B 标准的制线方法，线序如下：

直通线（机器与交换机连）：

```
        1     2     3     4     5     6     7     8
A 端：  橙白，橙，绿白，蓝，蓝白，绿，棕白，棕。
B 端：  橙白，橙，绿白，蓝，蓝白，绿，棕白，棕。
```

交叉线（机器直连）：

```
        1     2     3     4     5     6     7     8
A 端：  橙白，橙，绿白，蓝，蓝白，绿，棕白，棕。
B 端：  绿白，绿，橙白，蓝，蓝白，橙，棕白，棕。
```

15.2.2   操作步骤

（1）利用斜口钳剪下所需要的双绞线长度，至少 0.6 米，最多不超过 100 米。然后再利用双绞线剥线器（也可用其他工具）将双绞线的外皮除去 2～3 厘米，如图 15-3 所示。

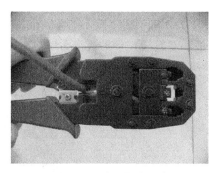

图 15-3　剥双绞线外皮

（2）接下来就要进行拨线的操作。将裸露的双绞线分为橙色对线、绿色对线、蓝色对线棕色对线 4 组并将其分开，如图 15-4 所示。

图 15-4　八芯非屏蔽双绞线

（3）将绿色对线与蓝色对线放在中间位置，橙色对线与棕色对线保持不动，即放在靠外的位置。调整线序为以下顺序：

左一：橙，左二：绿，左三：蓝，左四：棕。

（4）小心地剥开每一对线，白色混线在前。因为是遵循 EIA/TIA 568B 的标准来制作接头，所以线对颜色要按照标准的顺序。

需要特别注意的是，绿色线应该跨越蓝色对线。这里最容易犯错的地方就是将白绿线与绿线相邻放在一起，这样会造成串扰，使传输效率降低。常见的错误接法是将绿色线放到第 4 只脚的位置（应该将绿色线放在第 6 只脚的位置才是正确的）。因为在 100Base T 网络中，第 3 只脚与第 6 只脚是同一对的，所以需要使用同一对线。正确的线序为，下起：橙白/橙/绿白/蓝/蓝白/绿/棕白/棕，如图 15-5 所示。

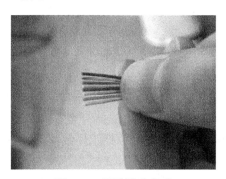

图 15-5　标准线序排列

（5）将裸露出的双绞线用剪刀或斜口钳剪下只剩约 14mm 的长度，这个长度符合 EIA/TIA 的标准（参考有关 RJ-45 水晶头和双绞线制作的标准），如图 15-6 和图 15-7 所示。最后再将双绞线的每一根线依序放入 RJ-45 水晶头的引脚内（第一只引脚内应该放橙白色的线），如图 15-8 所示。

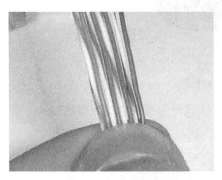

图 15-6　抻直每根线

图 15-7　将线剪齐

（6）确定双绞线的每根线已经正确放置之后，就可以用 RJ-45 压线钳压接 RJ-45 水晶头了。市面上还有一种 RJ-45 水晶头的保护套，在压接 RJ-45 水晶头之前将其插在双绞线电缆上可以防止在拉扯水晶头时造成的接触不良。

（7）重复步骤（2）到步骤（6），再制作另一端的 RJ-45 水晶头。因为工作站与交换机之间是直接对接，所以另一端 RJ-45 水晶头的引脚接法完全一样。完成后的连接线两端的 RJ-45 水晶头无论引脚和颜色都完全一样，这种连接方法适用于 ADSL Modem 和计算机网卡之间的连接及计算机与交换机之间的连接。完成的 RJ-45 水晶头如图 15-9 所示。

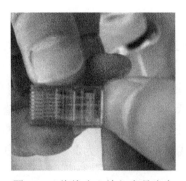

图 15-8　将线小心放入水晶头中

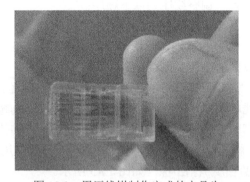

图 15-9　用压线钳制作完成的水晶头

15.3　案例小结

有一些双绞线电缆上含有一条柔软的尼龙线，制作网线的 RJ-45 水晶头时，若在剥除双绞线的外皮时裸露出的部分太短，则不利于制作，此时可以紧握双绞线外皮，捏住尼龙线往外皮的下方剥开，就可以得到较长的裸露线。注意把线尽量抻直（不要缠绕）、压平（不要重叠）、挤紧理顺（朝一个方向紧靠），然后用压线钳把线头剪齐，这样，在双绞线插入水晶头后，每条线都能良好接触水晶头中的插针，避免接触不良。如果剥的皮过长，应将过长的部分剪短，保留去掉外层绝缘皮的部分约为 14mm，这个长度正好能将各细导线插入到各自的线槽。如果该段留得过长，一来会由于线对不再互绞而增加串扰，二来会由于水晶头不能压住护套而可能导致电缆从水晶头中脱出，造成线路的接触不良甚至中断。

把水晶头的两端都做好后即可用网线测试仪进行测试。如果测试仪上 8 个指示灯都依次为绿色闪过，证明网线制作成功。如果出现任何一个灯为红灯或黄灯，则证明存在断路或者接触不良等情况，此时最好先对两端水晶头再用网线钳压一次，然后再测。如果故障依旧，则应检查两端芯线的排列顺序是否一样，如果不一样，剪掉一端重新按另一端芯线排列顺序制作水晶头。如果芯线顺序一样，但测试仪仍显示红色灯或黄色灯，则表明网线中存在对应芯线接触不良的情况。

使用测试仪或万用表测试网线连接逻辑正确与否（网线断路导致无法通信，短路可能损坏网卡或交换机）。使用制作的网线连接两台计算机（直接连接）并测试网络连通否（使用 ping 命令）。

15.4　拓展训练

1. 用 ipconfig/all 命令查看主机和网络参数并记下本机 IP 地址。
2. 设置目录共享和停止共享目录，并让其他同学进行访问测试。
3. 设置映射网络驱动器及删除映射，并让其他同学进行访问测试。
4. 用 ping 命令测试网络是否连通，并让其他同学进行访问测试。
5. 用 tracert 命令跟踪从本机到目的地址所经过的路由。

案例 16　无线路由器的设置

- 熟练掌握无线路由器的配置方法，包括静态 IP 和动态 IP 的配置方法。
- 能够自行配置无线路由器。
- 基本掌握路由器内的常用参数。

16.1　案例简介

路由器设置是为搭建网络的初学者准备的，虽然技术含量不高，但是其烦琐的步骤常常让很多人望而却步。下面将向大家展示设置 TP-LINK 无线路由器的具体操作过程（有线路由可参考），使大家掌握路由器的设置。

硬件条件：路由器 1 个（可以为 4 口、8 口、16 口或更多口），网线（直通线）若干条，Modem 1 个（如果安装了小区宽带就不需要 Modem 了），计算机至少 2 台（如果只有 1 台，虽然可以使用路由器，但是却失去了使用路由器的意义）。

16.2　案例制作

16.2.1　操作要求

掌握无线路由器配置方法，包括静态 IP 和动态 IP 的配置方法。

16.2.2　操作步骤

（1）将 TP-LINK 无线路由器通过有线方式和一台计算机连接好后，在 IE 浏览器地址栏输入 192.168.1.1（一般在路由下面的标签中会有此 IP）地址进入设置界面，在界面相应位置输入用户名和密码（默认为 admin）后进入设置界面。

进入设置界面以后通常都会弹出一个设置向导的小页面，有一定经验的用户会勾选"下次登录不再自动弹出向导"复选框来直接进行其他各项的设置，这里建议用户单击"下一步"按钮进行简单的向导设置。

（2）在弹出的"设置向导"界面进行设置。局域网内或者通过其他特殊网络连接的用户可以选择"以太网宽带"进行下一步设置。这里选择 ADSL 拨号上网设置［即选择 ADSL 虚拟拨号（PPPoE）单选按钮］，如图 16-1 所示。单击"下一步"按钮，弹出输入 ADSL 拨号上网的账号和口令界面，按照界面提示输入网络供应商所提供的上网账号和上网口令，然后直接单击"下一步"按钮。

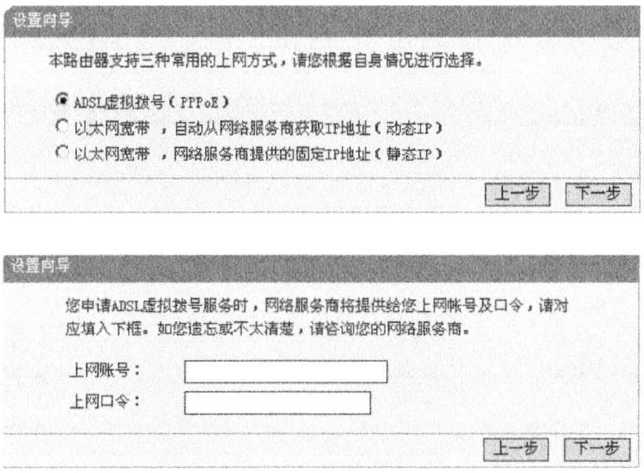

图 16-1　设置向导

（3）在弹出的"设置向导-无线设置"界面可以看到无线状态、SSID、信道、模式、频段带宽、最大发送率等参数，如图 16-2 所示。检测不到无线信号的用户请留意一下自己的路由器无线状态是否开启。

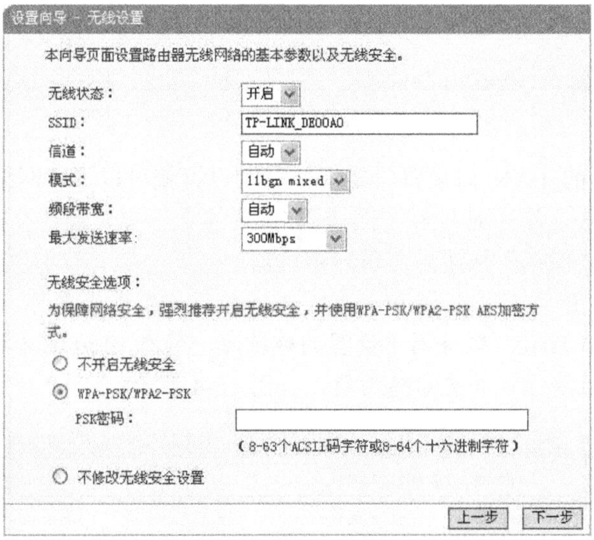

图 16-2　无线设置

用户可以根据自己的爱好来修改 SSID 这一项。该项是在进行无线连接时搜索连接设备的识别名称。

在"模式"选项的下拉列表中可以看到 TP-LINK 无线路由的几个基本无线连接工作模式：54Mbps（802.11g）最大工作速率为 54Mbps；300Mbps（802.11bgn）最大工作速率为 300Mbps，也向下兼容 11Mbps。

在"频段带宽"项的下拉列表中可以看到 13 个数字可选，这里设置的是路由的无线信号频段。如果附近有多台无线路由器，可以在该项设置使用其他频段来避免一些无线连接上的冲突。

下面介绍每个设置选项的页面和设置参数。

（4）图 16-3 所示为显示运行状态的界面，上述对 TP-LINK 无线路由的设置都反映在此界面中。如果是 ADSL 拨号上网用户，单击本界面的"连接"按钮就可以直接连上网络；如果是以太网宽带用户则通过动态 IP 或固定 IP 连接上网，这里也会出现相应的信息。

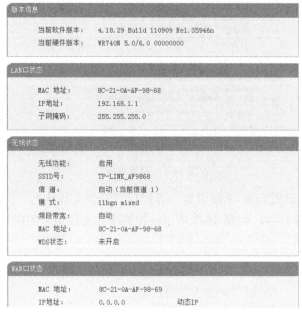

图 16-3　运行状态

（5）网络参数里的 LAN 口设置只要保持默认设置就可以了。网络知识较丰富的用户也可以根据自己的喜好来设置 IP 地址和子网掩码，只要注意不与其他计算机的 IP 发生冲突即可。请记得在修改并单击"保存"按钮后需重启路由器。

注意：当 LAN 口 IP 参数（包括 IP 地址、子网掩码）发生变更时，为确保 DHCP 服务器能够正常工作，应保证 DHCP 服务器中设置的地址池、静态 IP 地址与新的 LAN 口 IP 是处于同一网段的，在设置后要保存并重启路由器，如图 16-4 所示。

图 16-4　LAN 口设置

（6）TP-LINK 提供 7 种对外连接网络的方式，由于现在基本上家庭用户都是用 ADSL 拨号上网，因此这里主要介绍 ADSL 拨号上网的设置。"WAN 口设置"界面如图 16-5 所示。

1）在"WAN 口连接类型"中选择 PPPoE，"上网账号"和"上网口令"项输入网络供应商所提供的上网账号和密码就可以了。

2）在"特殊拨号"下拉列表中有 3 个选项，分别是正常拨号模式、特殊拨号模式 1、特殊拨号模式 2。其中正常拨号模式就是标准的拨号，但由于部分地区的宽带运营商限制使用标准的 PPPoE 拨号方式拨号上网，所以只能使用特殊拨号模式的客户端程序拨号上网。

3）"第二连接"区域的 4 个选择对应的连接模式：①按需连接，在有访问时自动连接；②自动连接，在开机和断线后自动连接，在开机和关机的时候都会自动连接网络和断开网络；③定时连接，在指定的时间段自动连接；④手动连接，由用户手动连接，即需要用户手动单击"连接"按钮来拨号上网，如图 16-5 所示。

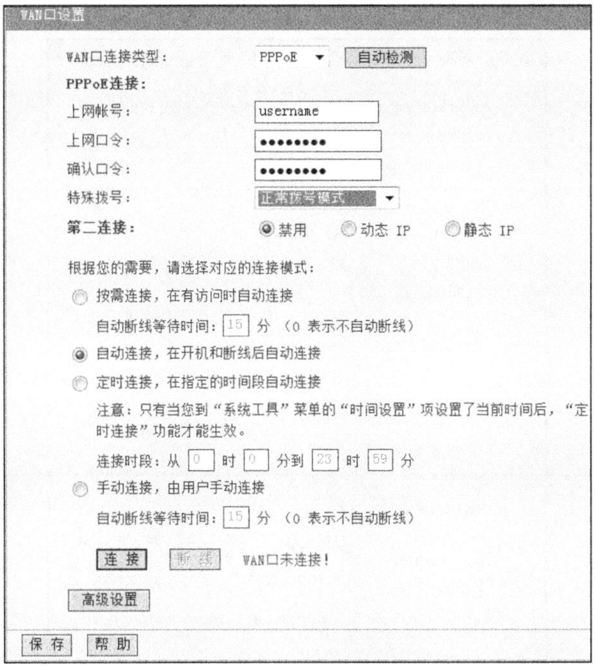

图 16-5　WAN 口设置

（7）"MAC 地址克隆"界面很简洁，有一个"恢复出厂 MAC"按钮和一个"克隆 MAC 地址"按钮，保持默认设置就可以了，如图 16-6 所示。这里需要特别说明的是，有些网络运营商会通过一些手段来控制路由连接多机上网，这个时候各用户可以克隆 MAC 地址来破除限制（但不是一定有效）。

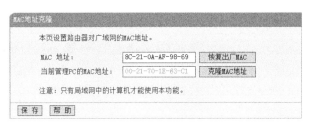

图 16-6　MAC 地址克隆

（8）"无线网络安全设置"界面是 TP-LINK 无线路由设置的重点，在此界面中可以设置无线网络的链接安全之类的参数，如图 16-7 所示。SSID、频段带宽和模式等设置可以参考（3）中的"设置向导-无线设置"部分。

安全设置也是一个很重要的选项。这里的安全类型主要有三个：不开启无线安全、WPA-PSK/WPA2-PSK、WPA/WPA2。

　　WPA-PSK/WPA2-PSK 是基于共享密钥的 WPA 模式。这部分的设置和下面的 WPA/WPA2 大致类同。注意，此处的 PSK 密码是 WPA-PSK/WPA2-PSK 的初始密码，最短为 8 个字符，最长为 63 个字符。

　　WPA/WPA2 用 Radius 服务器进行身份认证并得到密钥的 WPA 或 WPA2 模式。WPA/WPA2 和 WPA-PSK/WPA2-PSK 的加密算法都包括自动选择、TKIP 和 AES。

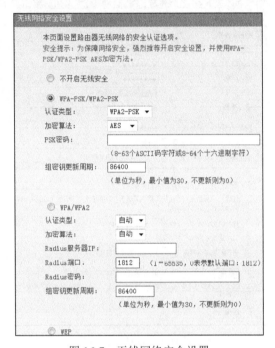

图 16-7　无线网络安全设置

　　（9）可以利用"无线网络 MAC 地址过滤设置"界面（图 16-8）中的"MAC 地址过滤功能"对无线网络中的主机进行访问控制。如果用户开启了无线网络的 MAC 地址过滤功能，并且在"过滤规则"区域选择了"禁止 列表中生效的 MAC 地址访问本无线网络"单选按钮，而过滤列表中又没有任何生效的条目，那么任何主机都不可以访问本无线网络。通常用户保留图 16-8 界面中的默认设置即可。

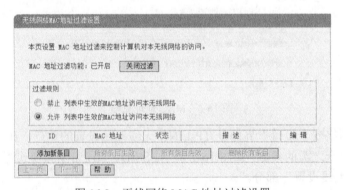

图 16-8　无线网络 MAC 地址过滤设置

　　（10）在设置完无线参数后，回到 TP-LINK 路由所有系列的基本设置中的 DHCP 服务设置界面。建议在"DHCP 服务"界面的"DNS 服务器"文本框中输入网络供应商所提供的 DNS 服务器地址，这样有助于获得稳定快捷的网络连接，如图 16-9 所示。

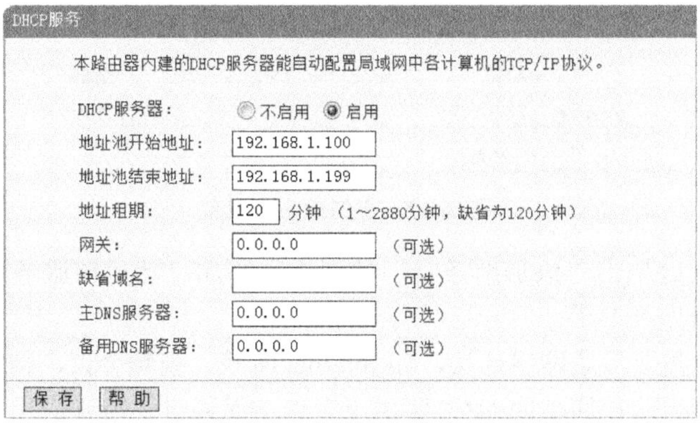

图 16-9　DHCP 服务

（11）在 DHCP 服务器的客户端列表里，用户可以看到已经分配了的 IP 地址、子网掩码、网关以及 DNS 服务器等（设置好后连接计算机才能看到），如图 16-10 所示。

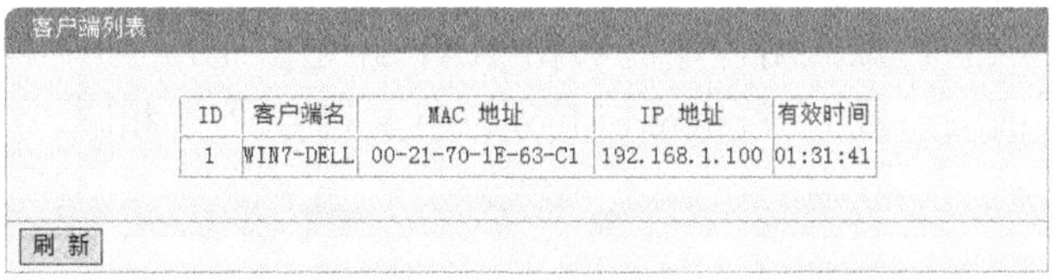

图 16-10　客户端列表

（12）为了方便用户对局域网中计算机的 IP 地址进行控制，TP-LINK 路由器内置了静态地址分配功能。静态地址分配表可以为具有指定 MAC 地址的计算机预留静态的 IP 地址。之后，此计算机请求 DHCP 服务器获得 IP 地址时，DHCP 服务器将给它分配此预留的 IP 地址，如图 16-11 所示。

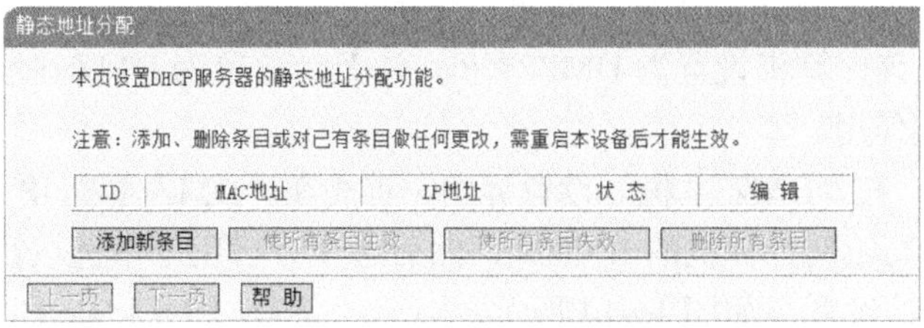

图 16-11　静态地址分配设置

（13）如果用户对网络服务有比较高的要求（如 BT 下载之类），可以在转发规则中一一进行设置。虚拟服务器定义一个服务端口，所有对此端口的服务请求都将被重新定位给通过 IP 地址指定的局域网中的服务器。虚拟服务器设置界面如图 16-12 所示。

- 服务端口：WAN 端服务端口，即路由器提供给广域网的服务端口，用户可以输入一个端口号，也可以输入一个端口段，如 6001-6008。
- IP 地址：局域网中作为服务器的计算机的 IP 地址。

● 协议：服务器所使用的协议。

图 16-12　虚拟服务器设置

服务端口可以通过单击"添加新条目"按钮进行添加，然后该服务端口等信息就会显示在下面的虚拟服务器列表中了。

（14）某些程序需要多条网络连接，如 Internet 游戏、视频会议、网络电话等。由于防火墙的存在，这些程序无法在简单的 NAT 路由下工作。而通过"特殊应用程序"设置界面可使这样的应用程序能够在 NAT 路由下工作，其设置界面如图 16-13 所示。

● 触发端口：用于触发应用程序的端口号。
● 触发协议：用于触发应用程序的协议类型。
● 开放端口：当触发端口被探知后，在该端口上通向内网的数据包将被允许穿过防火墙，以使相应的特殊应用程序能够在 NAT 路由下正常工作。用户可以输入最多 5 组的端口（或端口段），每组端口必须以英文符号"，"相隔。

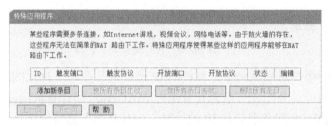

图 16-13　特殊应用程序

（15）在某些特殊情况下，需要让局域网中的一台计算机完全暴露给广域网，以实现双向通信，此时可以把该计算机设置为 DMZ 主机。注意，设置为 DMZ 主机之后，与该 IP 相关的防火墙设置将不起作用。

DMZ 主机设置：在"DMZ 主机"设置界面，首先在"DMZ 主机 IP 地址"文本框内输入要设为 DMZ 主机的局域网计算机的 IP 地址，然后选中"启用"单选按钮，最后单击"保存"按钮完成 DMZ 主机的设置，如图 16-14 所示。

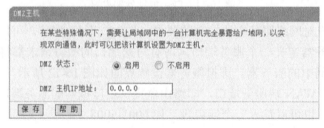

图 16-14　DMZ 主机设置

（16）如果使用迅雷、电驴、快车等 BT 下载软件，建议开启图 16-15 中的 UPnP，这样能加快 BT 下载速度。

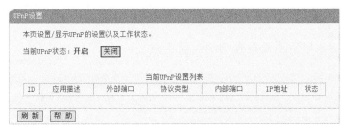

图 16-15　UPnP 设置

（17）普通家用路由的内置防火墙功能比较简单，只能满足普通大众用户的基本安全要求。不过为了上网能多一层保障，开启家用路由器自带的防火墙也是个不错的选择。在"防火墙设置"界面中可以选择开启一些防火墙功能，如 IP 地址过滤、域名过滤、MAC 地址过滤、高级安全设置等，如图 16-16 所示。开启这些功能以后，其相应的各类安全功能设置则生效。

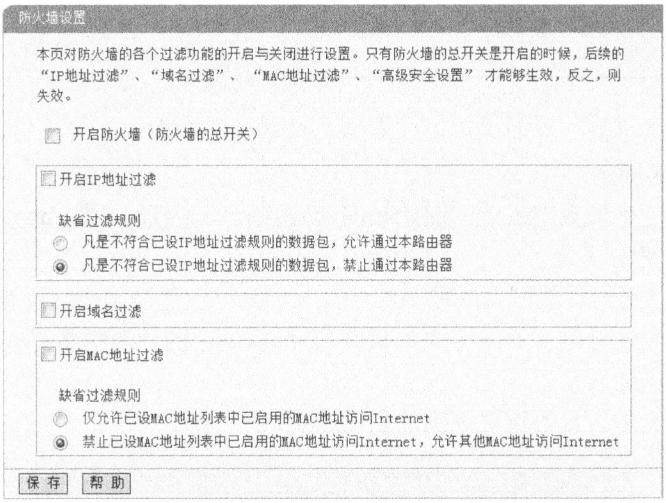

图 16-16　防火墙设置

（18）在"IP 地址过滤"界面中，可以通过数据包过滤功能来控制局域网中计算机对互联网上某些网站的访问。"IP 地址过滤"界面如图 16-17 所示。

- 生效时间：本条规则生效的起始时间和终止时间。时间请按 hhmm 格式输入，例如 0803 表示 8 时 3 分。
- 局域网 IP 地址：局域网中被控制的计算机的 IP 地址为空，表示对局域网中所有计算机进行控制；用户也可以输入一个 IP 地址段，例如，192.168.1.20-192.168.1.30。
- （局域网）端口：局域网中被控制的计算机的服务端口为空，表示对该计算机的所有服务端口进行控制；用户也可以输入一个端口段，例如，1030-2000。
- 广域网 IP 地址：广域网中被控制的网站的 IP 地址为空，表示对整个广域网进行控制；用户也可以输入一个 IP 地址段，例如，61.145.238.6-61.145.238.47。
- （广域网）端口：广域网中被控制的网站的服务端口为空，表示对该网站所有服务端口进行控制；用户也可以输入一个端口段，例如，25-110。

- 协议：被控制的数据包所使用的协议。
- 通过：符合本条目所设置规则的数据包可以通过路由器，否则该数据包将不能通过路由器。
- 状态：查看本条目所设置规则的当前状态。

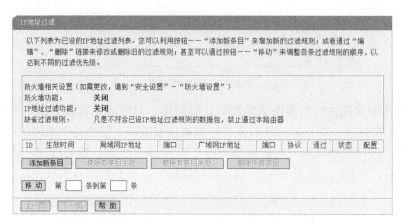

图 16-17　IP 地址过滤

（19）在"域名过滤"界面中可以使用域名过滤功能来指定不能访问哪些网站。"域名过滤"界面如图 16-18 所示。

- 生效时间：本条规则生效的起始时间和终止时间。时间请按 hhmm 格式输入，例如 0803 表示 8 时 3 分。
- 域名：被过滤网站的域名或域名的一部分，为空表示禁止访问所有网站，如果在此处填入某一个字符串（不区分大小写），则局域网中的计算机将不能访问所有域名中含有该字符串的网站。
- 状态：查看本条目所设置规则的当前状态。

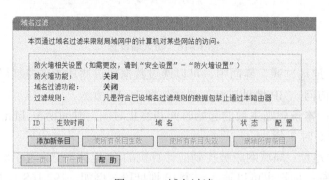

图 16-18　域名过滤

（20）在"MAC 地址过滤"界面中可以通过 MAC 地址过滤功能来控制局域网中计算机对 Internet 的访问。"MAC 地址过滤"界面如图 16-19 所示。

- MAC 地址：局域网中被控制的计算机的 MAC 地址。
- 描述：对被控制的计算机的简单描述。

● 状态：查看本条目所设置规则的当前状态。

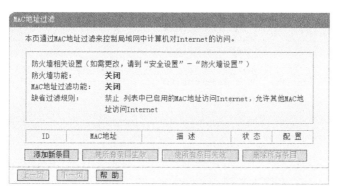

图 16-19　MAC 地址过滤

（21）在"远端 WEB 管理"界面中可以设置路由器的 WEB 管理端口和广域网中可以执行远端 WEB 管理的计算机的 IP 地址。"远端 WEB 管理"界面如图 16-20 所示。

● WEB 管理端口：可以执行 WEB 管理的端口号。

● 远端 WEB 管理 IP 地址：广域网中可以执行远端 WEB 管理的计算机的 IP 地址。

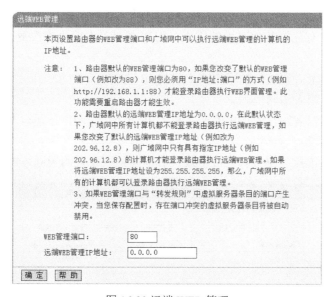

图 16-20 远端 WEB 管理

（22）"高级安全选项"界面如图 16-21 所示。

● 数据包统计时间间隔：对当前这段时间里的数据进行统计，如果统计得到的某种数据包（例如 UDP-FLOOD）达到了指定的阈值，那么系统将认为 UDP-FLOOD 攻击已经发生，如果 UDP-FLOOD 过滤已经开启，那么路由器将会停止接收该类型的数据包，从而达到防范攻击的目的。

● DoS 攻击防范：这是开启以下所有防范措施的总开关，只有选择此项后的"启用"单选按钮，下面的几种防范措施才能生效。

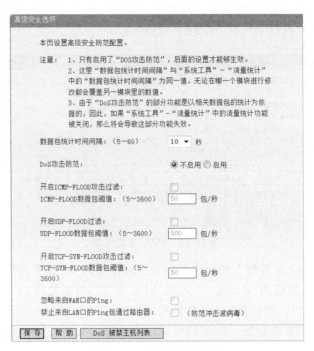

图 16-21　高级安全选项

（23）如果用户有连接其他路由的需求，可以在"静态路由表"界面中进行设置，如图 16-22 所示。

- 目的网络地址：要访问的网络或主机的 IP 地址。
- 子网掩码：填入子网掩码。
- 网关：数据包被发往的路由器或主机的 IP 地址。该 IP 必须与 WAN 口或 LAN 口属于同一个网段。
- 状态：只有选择"使所有条目生效"后本条目所设置的规则才能生效。

图 16-22　静态路由表

（24）动态 DNS 是部分 TP-LINK 路由的一个新的设置内容。这里所提供的"Oray.net 花生壳 DDNS"是用来解决动态 IP 问题的。针对大多数不使用固定 IP 地址的用户，通过动态域名解析服务可以经济、高效地构建自身的网络系统。"动态 DNS 设置"界面如图 16-23 所示。

经过以上设置，一个路由器就可以发挥路由功能了。路由功能适合多人共用一个账号上网的场合，只需要把进户线插到路由器的 WAN 口，其他有线用户插到 LAN 口（或通过无线）就可以了。

另外，有的情况是每个人都有自己的账户，虽然大家共用一个路由器，但希望自己使用自己的账号，互相不干扰。这时，可以把路由器变为交换机，只需要把进户线插到 LAN 口，其他有线用户也插到 LAN 口（或通过无线）即可。

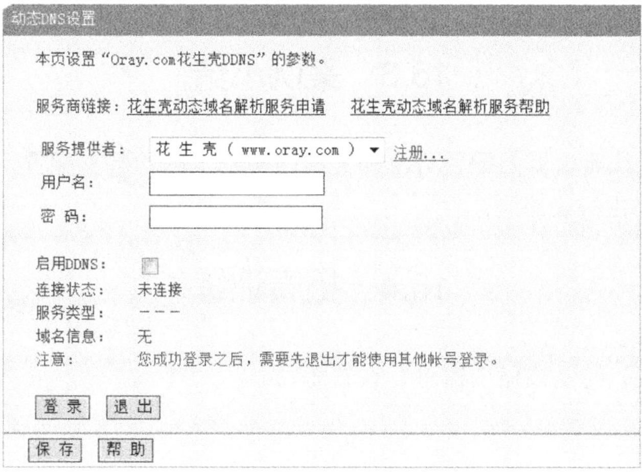

图 16-23　动态 DNS 设置

　　下面以使用用户最多的 TP-LINK 路由器为例，为大家介绍路由器当交换机使用时要进行的主要设置，其他品牌路由器与此类似。步骤如下：

　　步骤 1：登录路由器管理界面。在浏览器中输入默认路由器管理界面登录地址，一般默认是 192.168.1.1，如果不是此地址，请查看路由器外壳上的铭牌。

　　步骤 2：进入路由器管理界面之后，选择菜单栏"DHCP 服务器"→"DHCP 服务"命令，选择"不启用"单选按钮，单击"保存"按钮，如图 16-24 所示。

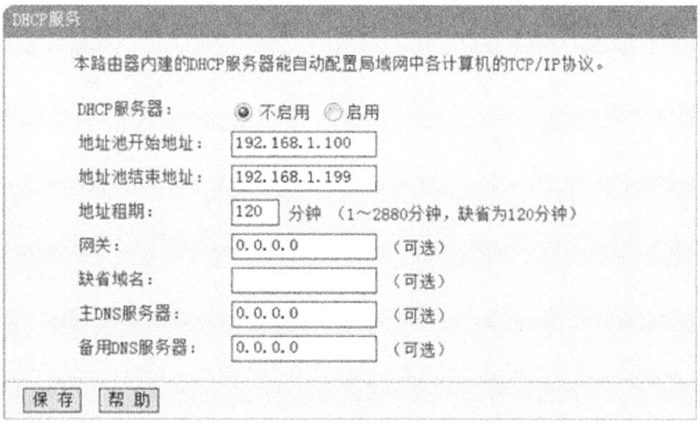

图 16-24　设置不启用 DHCP 服务器

　　步骤 3：在菜单栏中选择"网络参数"→"LAN 口设置"命令，在弹出的界面中将 LAN 口的 IP 地址改为 192.168.1.254 或者其他 IP 地址，只要不与其他计算机本地的 IP 地址冲突即可，建议统一改成 192.168.1.254。

　　以上设置完成后，路由器就可以当作交换机来使用了。不过需要注意的是，路由器的 WAN 端口不可用，其他端口可以当作交换机端口。

　　可能很多用户会发现，如果路由器不进行设置，只要不用 WAN 端口，LAN 端口照样可以当交换机用。但有些路由器如果不经过以上设置会有网络不稳定或者偶尔掉线的情况发生，因此，如果真希望将路由器当交换机用，为了使交换机更稳定地工作，简单进行上述设置还是很有必要的。如果以后又要用作路由器，还原设置即可。

16.3　案例小结

本节要求掌握无线路由器的配置方法和无线路由器上网的基本配置，实现安全接入网络；掌握 DHCP 原理和路由协议原理。

16.4　拓展训练

对自己家（寝室）的无线路由器进行设置练习。

案例 17　WPS Office 综合案例

17.1　综合案例简介

WPS Office 是一款开放、高效的网络协同办公软件。本案例主要通过硕士论文编辑排版、学生成绩表数据分析、销售统计表数据分析、美食展览会演示文稿制作来介绍 WPS 的文字编辑排版、WPS 电子表格的应用、WPS 演示文稿的制作。

17.2　案例制作 1——硕士论文编辑排版（WPS Office）

17.2.1　页面设置

步骤 1：打开 WPS Office，单击"文件"→"打开"，在计算机中选择"硕士论文.WPS"文档并将其打开。

步骤 2：选择"页面布局"选项卡，设置"纸张大小"为 A4。由于页面的打印方式分单面打印和双面打印两种，因此装订线的设置也各有不同。单面打印可以不设置装订线位置，只需增加装订的边距宽度即可。本文档以双面打印来排版，故使用双面打印的装订线设置方法。双面打印设置方法：在"页面设置"对话框中单击"页边距"选项卡，在"页边距"组中定义页边距上、下、左、右的值分别为 2.7 厘米、2 厘米、2.5 厘米、2.5 厘米，装订线位置为左，装订线宽为 1 厘米，纸张方向选择"纵向"，单击"确定"按钮，如图 17-1 所示。

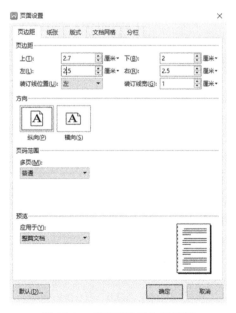

图 17-1　"页面设置"对话框

17.2.2　标题样式的使用

标题样式是指用有意义的名称保存的字符格式和段落格式的集合。通过定义常用样式可以使同级的文字呈现风格的统一，同时可以对文字快速套用样式，简化排版工作。WPS 文字处理软件中的许多自动化功能（如目录）都需要使用样式功能。WPS 文字处理软件中已经定义了大量样式，一般在使用中只需要对预定义样式进行适当修改即可满足需求。对于常用的样式，可以先将其定义到一个模板文件中，也可以创建属于自己风格的模板，以后只需基于该模板新建文档，就不需要重新定义样式了，如图 17-2 所示。

图 17-2　标题样式

本案例对标题和正文的格式要求见表 17-1，要求使用样式设置。

表 17-1　标题和正文格式要求

名称	字体	字号	对齐方式/缩进	间距
正文	宋体	小四	两端对齐	首行缩进 2 个字符，行距为单倍行间距
一级标题	宋体加粗	小三	居中对齐	段前间距 1 行，段后间距 0 行，单倍行距
二级标题	宋体加粗	四号	左对齐	段前间距 1 行，段后间距 0 行，首行缩进 1 个字符，单倍行距
三级标题	宋体	小四	左对齐	段前间距 0 行，段后间距 0 行，首行缩进 2 个字符，单倍行距
"中、英文摘要""结论""致谢""参考文献"	宋体加粗	四号	居中对齐	段前和段后间距均为 1 行，单倍行距，大纲级别为 1 级

步骤 1：在"开始"选项卡的"样式和格式"组中右击"标题 1"样式，选择快捷菜单中的"修改样式"命令，如图 17-3 所示。

图 17-3　"修改样式"命令

步骤 2：在弹出的"修改样式"对话框中可以修改样式名称、样式类型等属性，单击左下角的"格式"按钮，通过弹出的快捷菜单可以定义该样式的字体、段落等，可以根据具体要求进行设置。设置完成单击"确定"按钮，如图 17-4 所示。

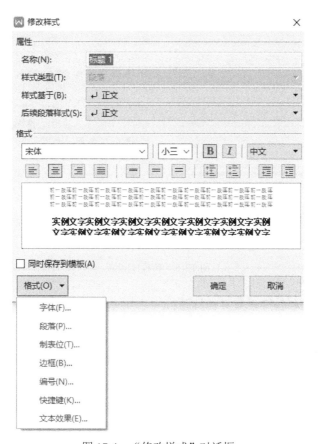

图 17-4 "修改样式"对话框

步骤 3：根据以上操作，修改正文和其他标题的样式。

步骤 4：设置"结论""致谢""参考文献"的标题样式。执行"开始"→"样式和格式"→"新样式"命令，在弹出的下拉列表中选择"新样式"命令，如图 17-5 所示。

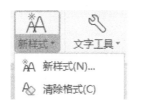

图 17-5 "新样式"命令

步骤 5：在弹出的"新建样式"对话框中的"名称"输入框中输入"样式 6"，将"格式"设置为宋体、四号、加粗、居中，在"段落"对话框中设置"段前"和"段后"间距均为 1 行，单倍行距，大纲级别为 1 级，如图 17-6 所示。

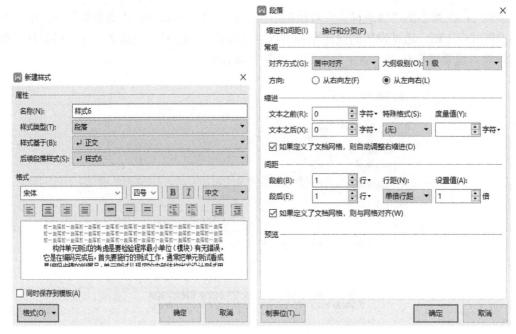

图 17-6　新样式设置

17.2.3　使用查找和替换设置其他标题行

步骤 1：单击"开始"→"查找和替换"，在弹出的下拉列表中选择"替换"命令。

步骤 2：在弹出的"查找和替换"对话框中选择"替换"选项卡，在"高级搜索"下拉列表中勾选"使用通配符"复选框，如图 17-7 所示。

图 17-7　"查找和替换"对话框

步骤 3：在"查找内容"输入框中输入"第?章"，在"替换为"→"格式"下拉列表中选择"样式"命令，在"查找样式"对话框中选择"查找样式"→"标题 1"，单击"确定"按钮，如图 17-8 所示。

图 17-8　替换设置

步骤 4：在"查找和替换"对话框中单击"全部替换"按钮，在弹出的界面中单击"确定"按钮，如图 17-9 所示。至此，一级标题的内容就全部设置完成。

图 17-9　完成全部替换

步骤 5：根据以上步骤操作完成二级标题和三级标题的设置。

17.2.4　图、表的自动编号

为文档中所有的图片和表格插入自动编号的题注。其中图片的题注在图片下方居中位置，并且图片要按其在章节出现的顺序分章编号，如，第一章第一个图为"图 1-1"，表格的题注在表格上方居中位置，也要按其在章节出现的顺序分章编号，如，第一章第一个表为"表 1-1"。

题注就是给图片、表格、图表、公式等项目添加的编号和名称。例如，在本文档中的图片中，就在图片下面输入了图题注，这可以方便读者的查找和阅读。使用题注功能还可以保证在长文档中，图片、表格或图表等项目能够顺序地自动编号。如果移动、插入或删除带题注的项目时，可以自动更新题注的编号。具体操作步骤如下所述。

步骤 1：选中 "1.3　本文的主要研究工作" 中第一个图，选择 "引用" → "题注" 命令，弹出 "题注" 对话框，如图 17-10 所示。本案例由标签加编号组合而成，由于默认的 "标签" 中并没有 "图 1-" 的标签，需新建标签。

步骤 2：在 "题注" 对话框中单击 "新建标签" 按钮，弹出 "新建标签" 对话框，在 "标签" 栏输入 "图 1-"，如图 17-11 所示。

图 17-10　"题注" 对话框

图 17-11　"新建标签" 对话框

步骤 3：单击 "确定" 按钮回到 "题注" 对话框，此时 "题注" 编辑栏已经显示 "图 1-1"，如图 17-12 所示（可以在 "标签" 编辑栏内输入对图片的描述），在 "位置" 下拉列表中选择 "所选项目下方"（对表格选择 "所选项目上方"），再单击 "确定" 按钮。至此，所选图片的题注就插入在图的下方。

图 17-12　题注设置

步骤 4：当需要对第二个图添加题注时，只需要选中该图，执行 "引用" → "题注" 命令，在弹出的 "题注" 对话框中可以看到编号会自动增加，单击 "确定" 按钮后，图的题注会自动插入在图的下面。

步骤 5：用上述方法为文档中所有的图片和表格添加题注。

17.2.5　分隔符的应用

节是一段连续的文档块，同节的页面拥有同样的边距、纸型或方向、打印机纸张来源、页面边框、垂直对齐方式、页眉/页脚、分栏、页码编排、行号等。如果没有插入分节符，WPS 软件默认一个文档只有一节，所有页面都属于这个节。所以，分节为页眉/页脚的基础，有关页眉/页脚的要求一般都要先通过分节才能实现，如，奇偶页的页眉/页脚不同等。

本文档分为 11 个部分，需要插入 10 个分节符：封面为第一节，摘要为第二节，目录为

第三节，正文分为 5 部分，各占一节，结束语为第九节，致谢为第十节，参考文献为第十一节。

步骤 1：为了在插入分节符的时候能明确位置并看到提示文字，先设置编辑标记高亮显示，选择"开始"→"显示/隐藏编辑标记"命令，如图 17-13 所示。

图 17-13　设置编辑标记高亮显示

步骤 2：将光标定位在"摘要"前，单击"章节"→"新增节"，在弹出的下拉列表中选择"下一页分节符"命令，如图 17-14 所示。

图 17-14　新增节设置

步骤 3：再切换到"第一章"前面，重复插入分节符操作，可以看到在 ABSTRACT 的结尾处出现"分节符（下一页）"的标记，如图 17-15 所示，表示分节符插入成功。重复插入分节符操作为每个部分插入分节符。如果插入分节符导致下一页多出一个无用的空行，删除该行即可。

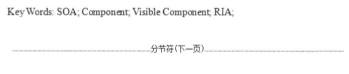

图 17-15　分节符设置完成

17.2.6　页眉和页脚的设置

1．设置页眉

文档的格式设置要求是，封面不需要设置页眉，摘要、目录，文档正文部分按如下设置：当前节为标题 1 的文字内容，字体为宋体、五号、居中对齐。

步骤 1：选择插入页眉的页面，单击"插入"→"页眉和页脚"，如图 17-16 所示。

步骤 2："封面"不需要设置页眉。在"页眉和页脚"功能区单击"同前节"，即取消"与上一节相同"，如图 17-17 所示。

步骤 3：输入页眉内容并在"开始"选项卡中设置格式。

图 17-16 设置页眉

图 17-17 设置同前节

步骤 4：给页眉加横线。单击"页眉横线"，在弹出的下拉列表中选择需要的横线，如图 17-18 所示。单击"关闭"按钮退出页眉设置。

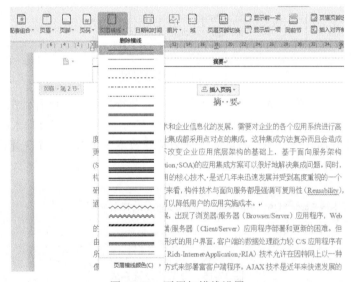

图 17-18 页眉加横线设置

步骤 5：重复上述操作，完成其他章节的页眉设置。

2. 设置页脚

按文档页脚的格式要求，封面不能出现页码；摘要，目录的页脚居中设置页码，页码格式为连续的大写罗马数字；章节以后的部分，页脚居中设置页码，页码格式为连续的阿拉伯数字，字体为 Times New Roman、小五。

步骤 1：单击"插入"→"页眉和页脚"→"页脚"，在弹出的下拉菜单中选择"编辑页脚"命令进入页脚的编辑状态，如图 17-19 所示。将光标定位到"摘要"页的页脚处，单击"同前节"，即取消"与上一节相同"。

步骤 2：在图 17-18 中单击"页码"，在弹出的"页码"对话框中的"样式"下拉列表中选择罗马数字（即 I,II,III...），在"位置"下拉列表中选择"底端居中"，将"页码编号"的"起始页码"选为 1，如图 17-20 所示。

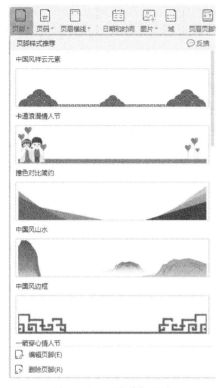

图 17-19　页脚编辑状态

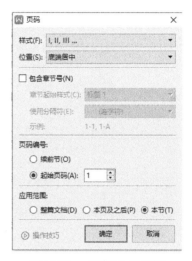

图 17-20　"页码"对话框

步骤 3：将光标定位到章节的第一页的页脚，单击"插入页码"，在弹出的"插入页码"界面中选择"样式"为阿拉伯数字，"位置"选择"居中"，"应用范围"选择"本页及之后"，单击"确定"按钮，如图 17-21 所示。

图 17-21　"插入页码"界面

步骤 4：单击"开始"选项卡，设置字体为 Times New Roman，小五。最后单击"关闭"按钮退出页脚设置。

17.2.7 目录插入方法

当整篇文档的格式、章节号、标题格式和题注等全部设置完成后，就可以生成目录了。目录的内容是 WPS 软件从文档中抽取出那些带有级别标题的段落自动生成的。

1. 创建文档目录

步骤 1：把光标定位到需要插入目录的位置（本文档目录在"第一章 绪论"标题前），单击"引用"→"目录"，在弹出的下拉菜单中有默认的"智能目录""自动目录""自定义目录"和"删除目录"项，如图 17-22 所示。这里选择"智能目录"中的第三个，生成目录的效果如图 17-23 所示。

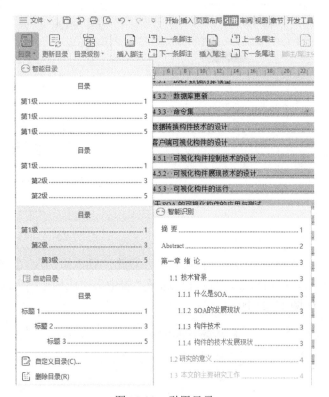

图 17-22　引用目录

步骤 2：如果想突显个性化设置，可以选择"自定义目录"进行设置。在弹出的"目录"对话框中的"打印预览"区域可以看到目录的预览效果。通过"制表符前导符""显示级别"各项及勾选"显示页码""页码右对齐""使用超链接"复选框可以设置目录的样式，如图 17-24 所示。设置好后单击"确定"按钮即可自动生成目录。

此外，目录还具备更新功能。当文档的章节改动导致页码与目录不一致的时候，可以右击目录，在弹出的菜单中选择"更新目录"命令。如果只是页码改动，只需在弹出的"更新目录"对话框中选择"更新页码"单选按钮即可；如果章节内容有增减则选择"更新整个目录"单选按钮，如图 17-25 所示。

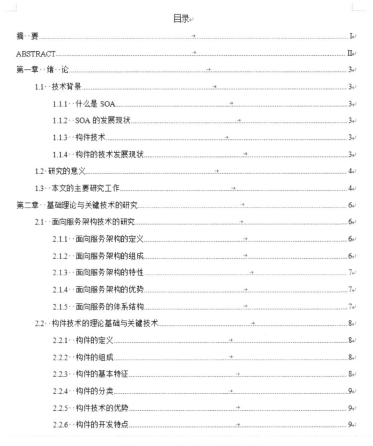

图 17-23　生成目录的效果

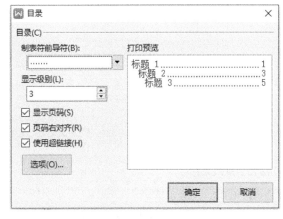

图 17-24　自定义目录

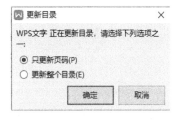

图 17-25　"更新目录"对话框

2. 创建图、表目录

在文档目录的下方再插入一个图、表目录。

步骤 1：将光标定位在需要创建图、表目录的位置。

步骤 2：单击"引用"→"插入表目录"，打开"图表目录"对话框。

步骤 3：在"题注标签"下拉列表中选择要创建索引的内容对应的题注"图 1-"，如图 17-26 所示。

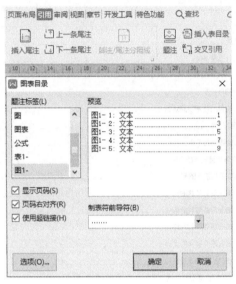

图 17-26　"图表目录"对话框

步骤 4：单击"确定"按钮即可完成图目录的创建，然后在目录的上方居中位置输入"图目录"，设置字体为宋体、10 磅，同时也可以选中目录的文字设置文字和段落格式，使目录更美观。

步骤 5：重复一次插入图表目录的操作（插入"表目录"），在"题注标签"下拉列表中选择要创建索引的内容对应的题注"表 1-"。操作完成后的效果如图 17-27 所示。

图目录

图 1- 1 5

图 1- 2 11

图 1- 3 14

图 1- 4 16

图 1- 5 20

表目录

表 1- 1 17

表 1- 2 21

图 17-27　图表目录效果图

17.3　案例制作 2——公式和函数的使用（WPS Office）

17.3.1　SUM、AVERAGE、MAX、MIN、LARGE、SMALL 函数的使用

本节以学生成绩表为例，统计和分析学生的成绩数据。打开"学生成绩表.xlsx"完成如下操作。

（1）计算每位学生的总分（使用 SUM 函数）。

选中 J2 单元格，单击"开始"→"求和"→"求和"，输入相应参数后按 Enter 键进行计算。双击"填充柄"进行向下填充，计算每位学生的总分，如图 17-28 所示。

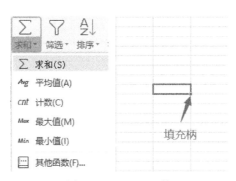

图 17-28　SUM 函数

（2）计算每门课程的平均分（使用 AVERAGE 函数）。

步骤 1：选中 B49 单元格，单击编辑栏旁的"插入函数"按钮 fx，在弹出的"插入函数"对话框中的"选择函数"列表框中选择"AVERAGE"，然后单击"确定"按钮，如图 17-29 所示。

图 17-29　插入 AVERAGE 函数

步骤 2：在弹出的"函数参数"对话框中单击数值 1 折叠按钮，选择"计算机基础"课程的分数区间 D2:D45，单击"确定"按钮，拖动"填充柄"填充其他科的平均成绩即可，如图 17-30 所示。

（3）计算每门课程第一名的成绩（使用 MAX 函数）和倒数第一名的成绩（使用 MIN 函数）。

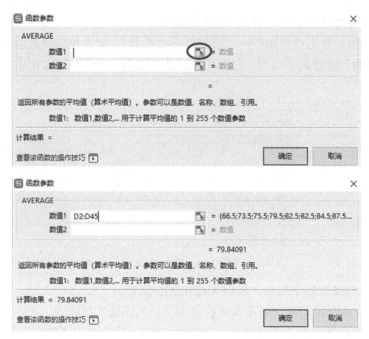

图 17-30　AVERAGE 函数的设置

步骤 1：选中 B50 单元格，单击"开始"→"求和"→"最大值"，选择数据区域 D2:D45，然后按 Enter 键，如图 17-31 所示。

图 17-31　MAX 函数的设置

步骤 2：选中 B51 单元格，单击"开始"→"求和"→"最小值"，选择数据区域 D2:D45，然后按 Enter 键，如图 17-32 所示。

	计算机基础	高等数学	大学英语	普通物理	革命史	体育
平均分	79.8	75.7	77.9	81.2	76.0	76.0
第一名	97.5	99.5	100.0	100.0	99.5	99.0
倒数第一名	=MIN(D2:D45)					

图 17-32　MIN 函数的设置

（4）计算每门课程的第二名和第三名的成绩（使用 LARGE 函数）。

步骤 1：选中 B52 单元格，在公式编辑区输入=LARGE(D2:D45,2)（第 1 个参数表示选择的数据区域，第 2 个参数表示排第几名，2 表示排名第二，两个参数用逗号间隔），然后按 Enter 键，如图 17-33 所示。

	B52			⊕ fx	=LARGE(D2:D45,2)	
	A	B	C	D	E	F	G
48		计算机基础	高等数学	大学英语	普通物理	革命史	体育
49	平均分	79.8	75.7	77.9	81.2	76.0	76.0
50	第一名	97.5	99.5	100.0	100.0	99.5	99.0
51	倒数第一名	56.0	55.5	57.0	57.0	57.0	55.0
52	第二名	97					

图 17-33　LARGE 函数的设置

步骤 2：计算第三名的成绩可以用公式的填充方法并进行相应修改即可，如图 17-34 所示。

fx　=LARGE(D2:D45,3)

图 17-34　公式填充

（5）计算每门课程倒数第二名和倒数第三名的成绩（使用 SMALL 函数）。

步骤 1：选中 B54 单元格，在公式编辑区输入=SMALL (D2:D45,2)（第 1 个参数表示选择的数据区域，第 2 个参数表示排名倒数第几名，2 表示排名倒数第二，两个参数用逗号间隔），然后按 Enter 键，如图 17-35 所示。

	B54			⊕ fx	=SMALL(D2:D45,2)	
	A	B	C	D	E	F	G
48		计算机基础	高等数学	大学英语	普通物理	革命史	体育
49	平均分	79.8	75.7	77.9	81.2	76.0	76.0
50	第一名	97.5	99.5	100.0	100.0	99.5	99.0
51	倒数第一名	56.0	55.5	57.0	57.0	57.0	55.0
52	第二名	97	98.5	99.5	100	98	96.5
53	第三名	96.5	97.5	97	98.5	96.5	94
54	倒数第二名	58.5					

图 17-35　SMALL 函数的设置

步骤 2：计算倒数第三名的成绩可以用公式的填充方法并进行相应修改即可，如图 17-36 所示。

⊕ fx　=SMALL(D2:D45,3)

图 17-36　公式填充

17.3.2　IF 函数的使用

计算每位学生的总评，使用 IF 函数（总分大于等于 500 分的在"总评"列显示"优秀"，否则显示空格）。

步骤 1：选中 K2 单元格，单击"公式"→"插入函数"，如图 17-37 所示。

图 17-37　插入函数

步骤 2：在弹出的"插入函数"对话框中选择 IF 函数，然后单击"确定"按钮，如图 17-38 所示。

步骤 3：在弹出的"函数参数"对话框中的"测试条件"中输入 J2>=500，在"真值"中输入"优秀"，在"假值"中输入" "，然后单击"确定"按钮，如图 17-39 所示。

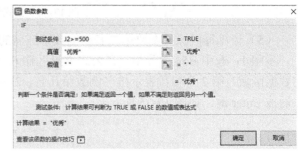

图 17-38 选择 IF 函数　　　　　　　　　　图 17-39 "函数参数"对话框

17.3.3 RANK 函数的使用

计算每位学生的名次，使用 RANK 函数。

步骤 1：计算第一个学生的名次。选中 L2 单元格，单击"公式"→"插入函数"，在弹出的对话框中的"查找函数"文本框中输入 RANK，从列表中选择 RANK 函数，单击"确定"按钮插入函数，如图 17-40 所示。

图 17-40 插入 RANK 函数

步骤 2：在弹出的对话框中单击"数值"的折叠按钮，选择第一个学生的总分所在的单元格 J2，关闭折叠窗口。单击"引用"的折叠按钮，选择所有学生的总分区域 J2:J45，关闭折叠窗口。这里为了实现其他学生的排名，在 L 列上进行填充，行号会发生改变，所以函数中的行号也随之改变。为了使总分始终在所有学生总分中进行排名，在数据排名的区域中使用绝对引用，按功能键 F4 进行切换，最后单击"函数参数"对话框中的"确定"按钮，如图 17-41 所示。

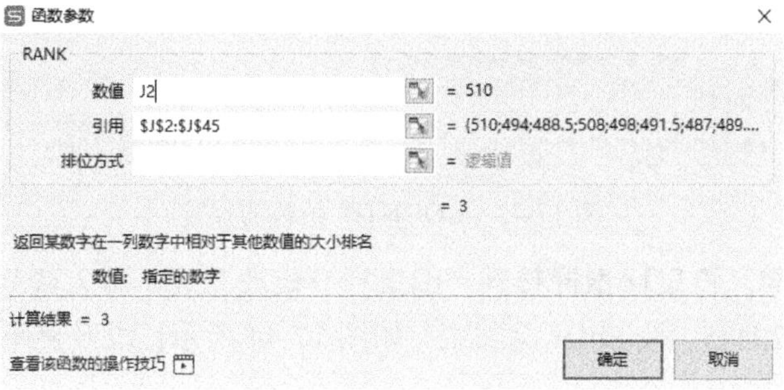

图 17-41 RANK 函数的设置

17.3.4 COUNTA 函数和 COUNTIF 函数的使用

COUNTA 函数：计算区域中不为空的单元格的个数。

COUNTIF 函数：对区域中满足单个指定条件的单元格进行计数。

计算每门课程优秀率（90 及 90 分以上成绩所占的比例）和及格率（60 及 60 分以上成绩所占的比例），自定义公式计算可使用 COUNTIF 和 COUNTA 两个函数。

优秀率是>=90 的人数除以总人数，故首先要计算>=90 的人数。

步骤 1：选中 B56 单元格，在"插入函数"对话框中的"或选择类别"文本框下拉列表中选择"统计"，在"选择函数"下拉列表中选择 COUNTIF，单击"确定"按钮，如图 17-42 所示。

图 17-42 插入 COUNTIF 函数

步骤 2：在弹出的"函数参数"对话框的"区域"框中输入 D2:D45，在"条件"框中输入>=90，然后单击"确定"按钮，如图 17-43 所示。

图 17-43　COUNTIF 函数的设置

步骤 3：求优秀率。将鼠标指针移到"编辑栏"修改公式，输入除号/，输入 COUNTA 函数，选择数据区域 D2:D45，按 Enter 键结束，如图 17-44 所示。求及格率的方法与求优秀率的方法相同。

图 17-44　求优秀率

17.3.5　FREQUENCY 函数的使用

可以使用 FREQUENCY 函数计算每门课程各分数段的人数。数据分为 5 段，需要 4 个分段点（59.9,69.9,79.9,89.9），可以将分段点写在空白区域，也可在函数中输入各分段点。

步骤 1：选中要计算的区域 C61:C65，在"插入函数"对话框中的"或选择类别"下拉列表中选择"统计"，在"选择函数"下拉列表中选择 FREQUENCY，单击"确定"按钮，如图 17-45 所示。

图 17-45　插入 FREQUENCY 函数

步骤 2：在弹出的"函数参数"对话框中，"一组数值"选择区域 D2:D45，"一组间隔值"选择区域 A67:A70，如图 17-46 所示；或手动输入各分段点，如图 17-47 所示。

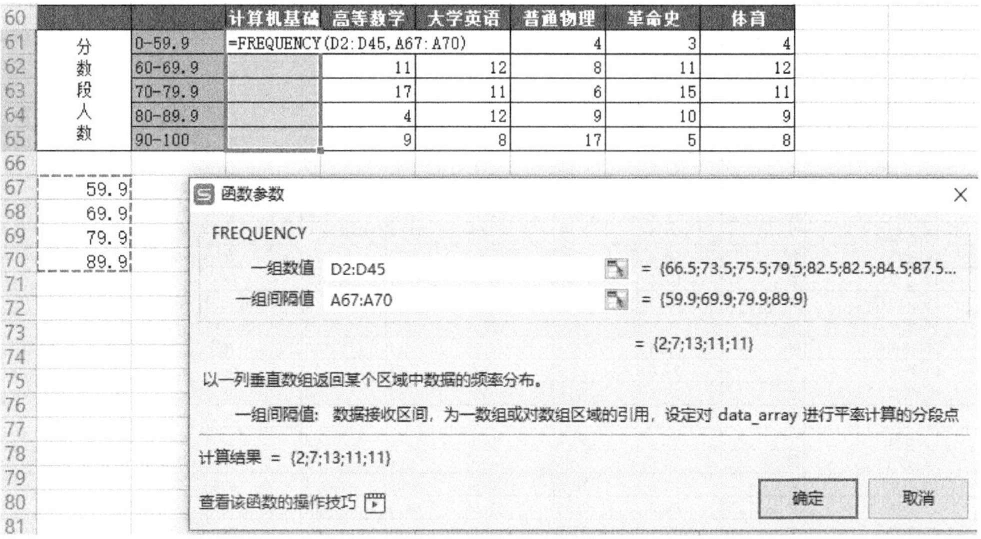

		计算机基础	高等数学	大学英语	普通物理	革命史	体育
分数段人数	0-59.9	=FREQUENCY(D2:D45,A67:A70)			4	3	4
	60-69.9		11	12	8	11	12
	70-79.9		17	11	6	15	11
	80-89.9		4	12	9	10	9
	90-100		9	8	17	5	8

67　59.9
68　69.9
69　79.9
70　89.9

函数参数

FREQUENCY

一组数值　D2:D45　= {66.5;73.5;75.5;79.5;82.5;82.5;84.5;87.5...

一组间隔值　A67:A70　= {59.9;69.9;79.9;89.9}

= {2;7;13;11;11}

以一列垂直数组返回某个区域中数据的频率分布。

一组间隔值：数据接收区间，为一数组或对数组区域的引用，设定对 data_array 进行平率计算的分段点

计算结果 = {2;7;13;11;11}

查看该函数的操作技巧

确定　取消

图 17-46　分段点写在空白区域

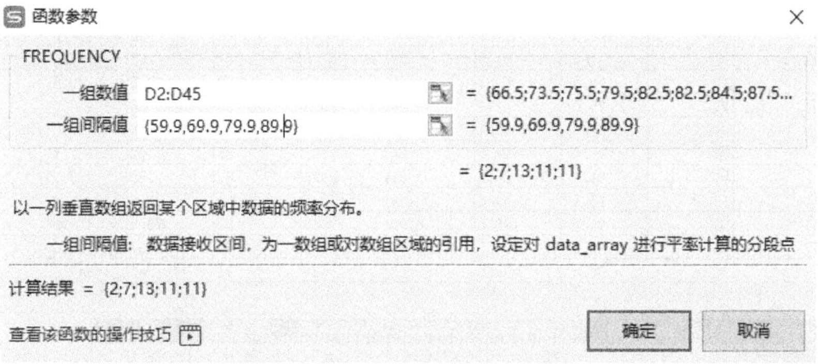

函数参数

FREQUENCY

一组数值　D2:D45　= {66.5;73.5;75.5;79.5;82.5;82.5;84.5;87.5...

一组间隔值　{59.9;69.9;79.9;89.9}　= {59.9;69.9;79.9;89.9}

= {2;7;13;11;11}

以一列垂直数组返回某个区域中数据的频率分布。

一组间隔值：数据接收区间，为一数组或对数组区域的引用，设定对 data_array 进行平率计算的分段点

计算结果 = {2;7;13;11;11}

查看该函数的操作技巧

确定　取消

图 17-47　手动输入分段点

步骤 3：按 Shift+Ctrl+Enter 组合键，结果如图 17-48 所示。

		计算机基础	高等数学	大学英语	普通物理	革命史	体育
分数段人数	0-59.9	2					
	60-69.9	7					
	70-79.9	13					
	80-89.9	11					
	90-100	11					

图 17-48　按组合键后的操作结果

最终效果如图 17-49 所示。

编号	姓名	性别	计算机基础	高等数学	大学英语	普通物理	革命史	体育	总分	总评	名次
1	高志毅	男	66.5	92.5	95.5	98	86.5	71	510.0	优秀	3
2	戴威	男	73.5	91.5	64.5	93.5	84	87	494.0		10
3	张倩倩	女	75.5	62.5	87	94.5	78	91	488.5		14
4	伊然	女	79.5	98.5	68	100	96	66	508.0	优秀	5
5	鲁帆	女	82.5	63.5	90.5	97	65.5	99	498.0		9
6	黄凯东	男	82.5	78	81	96.5	96.5	57	491.5		11
7	侯跃飞	男	84.5	71	99.5	89.5	84.5	58	487.0		15
8	魏晓	男	87.5	63.5	67.5	98.5	78.5	94	489.5		13
9	李巧	男	88.0	82.5	83	75.5	72	90	491.0		12
10	殷豫群	男	92.0	64	97	93	75	93	514.0	优秀	2
11	刘会民	男	93.0	71.5	92	96.5	87	61	501.0	优秀	7
12	刘玉晓	女	93.5	85.5	77	81	95	78	510.0	优秀	3
13	王海强	男	96.0	72.5	100	86	62	87.5	504.0	优秀	6
14	周良乐	男	96.5	86.5	90.5	94	99.5	70	537.0	优秀	1
15	肖童童	女	97.5	76	72	92.5	84.5	78	500.5	优秀	8
16	潘跃	女	56.0	77.5	85	83	74.5	79	455.0		27
17	杜蓉	女	58.5	90	88.5	97	72	65	471.0		21
18	张悦群	女	63.0	99.5	78.5	63.5	79.5	65.5	449.5		29
19	章中承	男	69.0	89.5	92.5	73	58.5	96.5	479.0		16
20	薛利恒	男	72.5	74.5	60.5	87	77	78	449.5		29
21	张月	女	74.0	72.5	67	94	78	90	475.5		19
22	萧萧	女	75.5	72.5	75	92	86	55	456.0		26
23	张志强	男	76.5	70	64	75	87	78	450.5		28
24	章燕	女	77.0	60.5	66.5	84	98	93	479.0		16
25	刘刚	男	80.5	96	72	66	61	85	460.5		25
26	苏武	男	83.5	78.5	70.5	100	68.5	69	470.0		22
27	刘惠	女	84.5	78.5	87.5	64.5	72	76.5	463.5		24
28	刘思云	女	92.5	93.5	77	73	57	84	477.0		18
29	张严	男	95.0	95	70	89.5	61.5	61.5	472.5		20
30	周晓彤	女	97.0	75.5	73	81	66	76	468.5		23
31	沈君毅	男	62.5	76	57	67.5	88	84.5	435.5		36
32	王晓燕	女	62.5	57.5	85	59	79	61.5	404.5		44
33	吴开	男	63.5	73	65	95	75.5	61	433.0		37
34	黎辉	男	68.0	97.5	61	57	60	85	428.5		41
35	李爱晶	女	71.5	61.5	82	57.5	57	85	414.5		43
36	肖琪	女	71.5	59.5	88	63	88	60.5	430.5		39
37	司徒春	男	75.0	71	86	60.5	60	85	437.5		34
38	叶辉	男	75.5	60.5	85	57	76	83.5	437.5		34
39	钟幻	男	76.0	63.5	84	81	65	62	431.5		38
40	章戎	男	81.0	55.5	61	91.5	81	59	429.0		40
41	涂咏虔	女	85.5	64.5	74	78.5	64	76.5	443.0		32
42	詹仕勇	男	86.5	65.5	67.5	70.5	62	73.5	425.5		42
43	刘泽安	男	94.0	68.5	78	60.5	76	67	444.0		31
44	尹志刚	女	96.5	74.5	63	66	71	69	440.0		33

	计算机基础	高等数学	大学英语	普通物理	革命史	体育
平均分	79.8	75.7	77.9	81.2	76.0	76.0
第一名	97.5	99.5	100.0	100.0	99.5	99.0
倒数第一名	56.0	55.5	57.0	57.0	57.0	55.0
第二名	97	98.5	99.5	100	98	96.5
第三名	96.5	97.5	97	98.5	96.5	94
倒数第二名	58.5	57.5	60.5	57	57	57
倒数第三名	62.5	59.5	61	57.5	58.5	58
优秀率	25.0%	20.5%	18.2%	38.6%	11.4%	18.2%
及格率	95.5%	93.2%	97.7%	90.9%	93.2%	90.9%

		计算机基础	高等数学	大学英语	普通物理	革命史	体育
分数段人数	0-59.9	2	3	1	4	3	4
	60-69.9	7	11	12	8	11	12
	70-79.9	13	17	11	6	15	11
	80-89.9	11	4	12	9	10	9
	90-100	11	9	8	17	5	8

图 17-49　最终效果

17.4　案例制作 3——排序、筛选和分类汇总的使用（WPS Office）

本节以学生成绩表数据分析作为例子，学习合并计算、排序、筛选、分类汇总等功能。打开"学生成绩表.xlsx"完成如下操作。

17.4.1　排序的应用

（1）将"体育"列按从低到高（升序）排序。

将光标定位在"体育"列上，单击"开始"→单击"排序"下拉列表→"升序"，如图 17-50 所示。

图 17-50　升序排序

（2）将"姓名"列按名字笔画从少到多排序。

将光标定位在表格数据区域中，单击"开始"→"排序"→"自定义排序"，在弹出的"排序"对话框中的"主要关键字"中选择"姓名"；选择"选项"命令，在弹出的"排序选项"对话框中选择"笔画排序"单选按钮，单击"确定"按钮；在"次序"下拉列表中选择"升序"，然后单击"确定"按钮进行排序，如图 17-51 所示。

图 17-51　笔划排序

（3）将"总分"列按分数从高到低（降序）排序，当"总分"相同时，将"高等数学"列按分数从高到低排序。

将光标定位在表格数据区域中，单击"数据"→"排序"，在弹出的"排序"对话框中的"主要关键字"中选择"总分"，在"次序"中选择"降序"；再单击"添加条件"按钮，在"次要关键字"中选择"高等数学",在"次序"中选择"降序",单击"确定"按钮进行排序,如图 17-52 所示。

图 17-52　添加条件

17.4.2　筛选的应用

（1）将"高等数学"成绩在 60~80 分之间（包含 60 和 80 分）的数据筛选出来。可以使用自动筛选功能。

步骤 1：将光标定位在表格数据区域中,单击"开始"→"筛选",如图 17-53 所示。

图 17-53　筛选

步骤 2：在标题栏旁会出现 ▾ 按钮。单击 ▾ 按钮,选择"数字筛选"→"介于"命令,如图 17-54 所示。在弹出的"自定义自动筛选方式"对话框中,在"大于或等于"输入框中输入 60,在"小于或等于"输入框中输入 80,单击"确定"按钮,如图 17-55 所示。

图 17-54　数字筛选

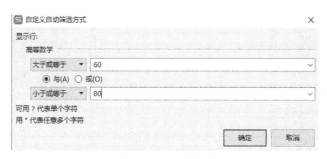

图 17-55 自动筛选

（2）清除筛选。自动筛选完成后，若要清除筛选则再单击"筛选"按钮，原有的筛选就清除了。

（3）将"计算机基础"课程成绩在 60～80 分之间（包含 60 分和 80 分）或者"性别"为"女"的学生的数据筛选出来，将结果显示在区域的左上角单元格为 A50 的区域中。这里需要用高级筛选。

步骤 1：筛选条件要单独放置。把"计算机基础"和"性别"字段按图 17-56 所示分别复制到 L10:N10 区域，在 N11 单元格中输入"女"，在 L12 单元格中输入>=60，在 M12 单元格中输入<=80，如图 17-56 所示。

步骤 2：将光标定位在表格数据区域中，选择"开始"→"筛选"→"高级筛选"命令，如图 17-57 所示。

图 17-56 筛选条件　　　　　　　　　图 17-57 选择"高级筛选"

步骤 3：在弹出的"高级筛选"对话框中的"方式"项选择"将筛选结果复制到其他位置"单选按钮，在"列表区域"项选择$A$1:$J$45，在"条件区域"项选择$L$11:$N$13，在"复制到"项选择$A$50，如图 17-58 所示。单击"确定"按钮，筛选结果如图 17-59 所示。

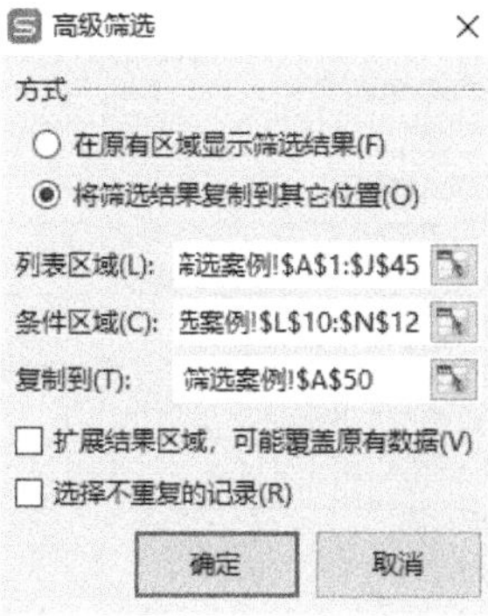

图 17-58 高级筛选的设置

编号	姓名	性别	计算机基础	高等数学	大学英语	普通物理	革命史	体育	总分
1	高志毅	男	66.5	92.5	95.5	98	86.5	71	510.0
2	戴威	男	73.5	91.5	64.5	93.5	84	87	494.0
3	张倩倩	女	75.5	62.5	87	94.5	78	91	488.5
4	伊然	女	79.5	98.5	68	100	96	66	508.0
5	鲁帆	女	82.5	63.5	90.5	97	65.5	99	498.0
12	刘玉晓	女	93.5	85.5	77	81	95	78	510.0
15	肖童童	女	97.5	76	72	92.5	84.5	78	500.5
16	潘跃	女	56.0	77.5	85	83	74.5	79	455.0
17	杜蓉	女	58.5	90	88.5	97	72	65	471.0
18	张悦群	女	63.0	99.5	78.5	63.5	79.5	65.5	449.5
19	章中承	男	69.0	89.5	92.5	73	58.5	96.5	479.0
20	薛利恒	男	72.5	74.5	60.5	87	77	78	449.5
21	张月	女	74.0	72.5	67	94	78	90	475.5
22	萧萧	女	75.5	72.5	75	92	86	55	456.0
23	张志强	男	76.5	70	64	75	87	78	450.5
24	章燕	女	77.0	60.5	66.5	84	98	93	479.0
27	刘惠	女	84.5	78.5	87.5	64.5	72	76.5	463.5
28	刘思云	女	92.5	93.5	77	73	57	84	477.0
30	周晓彤	女	97.0	75.5	73	81	66	76	468.5
31	沈君毅	男	62.5	76	67.5	88	84.5	61	435.5
32	王晓燕	女	62.5	57.5	85	59	79	61.5	404.5
33	吴开	男	63.5	73	65	95	75.5	61	433.0
34	黎辉	男	68.0	97.5	61	57	60	85	428.5
35	李爱晶	女	71.5	61.5	82	57.5	57	85	414.5
36	肖琪	女	71.5	59.5	88	63	88	60.5	430.5
37	司徒春	男	75.0	71	86	60.5	60	85	437.5
38	叶辉	男	75.5	60.5	85	57	76	83.5	437.5
39	钟幻	男	76.0	63.5	84	81	65	62	431.5
41	涂咏虔	女	85.5	64.5	74	78.5	64	76.5	443.0
44	尹志刚	女	96.5	74.5	63	66	71	69	440.0

图 17-59　筛选结果

17.4.3　分类汇总的应用

注意：分类汇总前必须为分类的字段进行排序。

（1）分别计算出男生和女生的"大学英语"平均成绩。

步骤 1：对性别进行排序。将光标定位在"性别"列上，单击"开始"→"排序"→"升序"。单击"数据"→"分类汇总"，如图 17-60 所示。在弹出的"分类汇总"对话框中设置"分类字段"为"性别"，设置"汇总方式"为"平均值"，在"选定汇总项"区域勾选"大学英语"复选框，勾选"替换当前分类汇总"和"汇总结果显示在数据下方"复选框，如图 17-61 所示。

图 17-60　分类汇总

图 17-61　"分类汇总"对话框

步骤 2：单击"确定"按钮，可以看到分类汇总后表格发生了变化，如图 17-62 所示。

	编号	姓名	性别	计算机基础	高等数学	大学英语	普通物理	革命史	体育	总分	名次	总评
2	1	高志毅	男	66.5	92.5	95.5	98	86.5	71	510.0	3	优秀
3	2	戴威	男	73.5	91.5	64.5	93.5	84	87	494.0	10	
4	6	黄凯东	男	82.5	78	81	96.5	96.5	57	491.5	11	
5	7	侯跃飞	男	84.5	71	99.5	89.5	84.5	58	487.0	15	
6	8	魏晓	男	87.5	63.5	67.5	98.5	78.5	94	489.5	13	
7	9	李巧	男	88.0	82.5	83	75.5	72	90	491.0	12	
8	10	殷豫群	男	92.0	64	97	93	75	93	514.0	2	优秀
9	11	刘会民	男	93.0	71.5	92	96.5	87	61	501.0	7	优秀
10	13	王海强	男	96.0	72.5	100	86	62	87.5	504.0	6	优秀
11	14	周良乐	男	96.5	86.5	90.5	94	99.5	70	537.0	1	优秀
12	19	章中承	男	69.0	89.5	92.5	73	58.5	96.5	479.0	16	
13	20	薛利恒	男	72.5	74.5	60.5	87	77	78	449.5	29	
14	23	张志强	男	76.5	70	64	75	87	78	450.5	28	
15	25	刘刚	男	80.5	96	72	66	61	85	460.5	25	
16	26	苏武	男	83.5	78.5	70.5	100	68.5	69	470.0	22	
17	29	张严	男	95.0	95	70	89.5	61.5	61.5	472.5	20	
18	31	沈君殿	男	62.5	76	57	67.5	88	84.5	435.5	36	
19	33	吴开	男	63.5	73	65	95	75.5	61	433.0	37	
20	34	黎辉	男	68.0	97.5	61	57	60	85	428.5	41	
21	37	司徒春	男	75.0	71	86	60.5	60	85	437.5	34	
22	38	叶辉	男	75.5	60.5	85	57	76	83.5	437.5	34	
23	39	钟幻	男	76.0	63.5	84	81	65	62	431.5	38	
24	40	章戎	男	81.0	55.5	61	91.5	81	59	429.0	40	
25	42	詹仕勇	男	86.5	65.5	67.5	70.5	62	73.5	425.5	42	
26	43	刘泽安	男	94.0	68.5	78	60.5	76	44	444.0	31	
27			男 平均值			77.78						
28	3	张倩倩	女	75.5	62.5	87	94.5	78	91	488.5	14	
29	4	伊然	女	79.5	98.5	68	100	96	66	508.0	5	优秀
30	5	鲁帆	女	82.5	63.5	90.5	97	65.5	99	498.0	9	
31	12	刘玉晓	女	93.5	85.5	77	81	95	78	510.0	3	优秀
32	15	肖童童	女	97.5	76	72	92.5	84.5	78	500.5	8	优秀
33	16	潘跃	女	56.0	77.5	85	83	74.5	79	455.0	27	

图 17-62　汇总效果

分类汇总后，数据表左上角出现 3 个层次的数据，其中第 3 层次显示数据表的明细数据与汇总数据，第 2 层次显示性别汇总数据，第 1 层次是全部性别的汇总数据。

（2）删除分类汇总。单击"数据"→"分类汇总"，在弹出的"分类汇总"对话框中单击"全部删除"按钮，如图 17-63 所示。

图 17-63　删除分类汇总

17.5　案例制作 4——美食展览会演示文稿制作（WPS Office）

　　某美食展览会向全国饮食爱好者集中展示东北三省特色餐饮，通过所给的素材和要求制作一个关于"东北美食"的演示文稿。打开素材文件夹下的"东北美食.pptx"，按照下列要求完善此文稿并保存。

17.5.1　幻灯片母版的应用

　　幻灯片母版可以在新建幻灯片时统一修改幻灯片的字体、颜色、背景等格式，提高我们的办公效率。操作步骤如下：

　　步骤 1：选择"视图"选项卡，单击"幻灯片母版"，如图 17-64 所示。

图 17-64　编辑母版

　　步骤 2：单击"主题幻灯片"，如图 17-65 所示。

图 17-65　主题幻灯片

　　步骤 3：单击"背景"按钮，在弹出的"对象属性"对话框中选择"填充"区域的"图片或纹理填充"单选按钮，在"图片填充"的"请选择图片"下拉列表中选择"本地文件"，如图 17-66 所示，在弹出的对话框中选择"背景 1"。

图 17-66　"对象属性"对话框

步骤 4：选择"标题"幻灯片，设置"主标题"的字体为"方正舒体"，字号为 54，字体颜色为"红色"，如图 17-67 所示。

图 17-67　设置"标题"幻灯片

步骤 5：选择"标题和内容"幻灯片，设置标题格式为方正舒体，字号为 44，字体颜色为"红色"，居中；文本格式为方正舒体，字号为 28，首行缩进 2 个字符，取消项目符号，如图 17-68 所示。

图 17-68　设置"标题和内容"幻灯片

步骤 6：选择"幻灯片母版"选项卡，单击"关闭"按钮退出幻灯母版设置，如图 17-69 所示。

图 17-69　退出幻灯片母版

17.5.2　制作幻灯片内容

接下来，需要对幻灯片内容进行编辑，包括在幻灯片中添加文本、编辑文本、设置图片大小等操作。

（1）制作第一张幻灯片，版式要求为"标题幻灯片"，标题内容为"东北美食"，删除副标题。

（2）制作第二张幻灯片，版式为"标题和内容"。在第二张幻灯片上输入文字，文字内容及位置与示例幻灯片相同（见本书提供的素材文件）。

（3）制作第三张幻灯片，版式为"标题和内容"。

1）在第三张幻灯片上输入文字，文字内容与示例幻灯片相同，文字位置见示例幻灯片。

2）插入"锅包肉.jpg"，图片格式设置为高 7 厘米、宽 10 厘米；插入"小鸡炖蘑菇.jpg"，图片格式设置为高 6.6 厘米、宽 11 厘米；图片位置见示例幻灯片。

3）选中"锅包肉"图片，在"图片工具"选项卡中取消勾选"锁定纵横比"复选框，在高度栏输入"7.00 厘米"，在宽度栏输入"10.00 厘米"，如图 17-70 所示。其他图片设置与此相同。

图 17-70　图片大小设置

（4）制作第四张幻灯片，版式为"标题和内容"。

1）在第四张幻灯片上输入文字，文字内容与示例幻灯片相同。

2）插入"长春白肉血肠.jpg"，图片格式设置为高 10.7 厘米、宽 15.9 厘米；插入"长春冷面.jpg"，图片格式设置为高 10.7 厘米、宽 15.9 厘米；位置见示例幻灯片。

（5）制作第五张幻灯片，版式为"标题和内容"。

1）在第五张幻灯片上输入文字，文字内容与示例幻灯片相同。

2）插入"沈阳满汉全席.jpg"，图片格式设置为高 7.6 厘米、宽 10 厘米；位置见示例幻灯片。

3）插入"沈阳老边饺子.jpg"，图片格式设置为高 7.6 厘米、宽 10 厘米；位置见示例幻灯片。

（6）制作第六张幻灯片，版式为"标题和内容"。

1）在第六张幻灯片上输入文字，文字内容与示例幻灯片相同。

2）插入"地三鲜.jpg"，图片格式设置为高 6.43 厘米、宽 9.5 厘米；插入"哈尔滨红肠.jpg"，图片格式设置为高 6.22 厘米、宽 10.64 厘米；插入"开江鱼.jpg"，图片格式设置为高 7.23 厘米、宽 10.75 厘米；插入"长春雪衣豆沙.jpg"，图片格式设置为高 6.6 厘米、宽 11.86 厘米。上述所有图片的位置见示例幻灯片。

（7）制作第七张幻灯片，版式为"空白"。

插入艺术字，文字内容与示例幻灯片相同，格式为方正舒体（正文），字号为 115；文本框为高 10 厘米、宽 21 厘米、旋转 350°；文本填充为紫色；文本效果为"发光　热情的粉红色，11pt 发光，着色 6"。

步骤 1：单击"插入"→"艺术字"，在弹出的界面中选择第一行第四列的样式，如图 17-71 所示。

图 17-71 插入艺术字

步骤 2：输入文字"快来品尝吧！"。选中文字，单击"文本工具"，设置字体为方正舒体，字号为 115，"文本填充"为紫色，单击"文本效果"→"发光"，在弹出的界面中选择"热情的粉红色，11pt 发光，着色 6"，如图 17-72、图 17-73 和图 17-74 所示。

图 17-72 文本工具

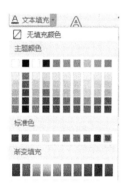

图 17-73 文本填充

图 17-74 文本效果

步骤 3：选中艺术字，在"对象属性"对话框中的"大小与属性"项下的"大小"区域中设置"高度"为 11 厘米，"宽度"为 14 厘米，"旋转"为 350°，如图 17-75 所示。

图 17-75 "对象属性"对话框

17.5.3　插入音频设置

在第一张幻灯片中插入"亚特兰蒂斯之子.wma"，放映时隐藏，循环播放，直到停止。

选择左边第一张幻灯片，单击"插入"→"音频"，在下拉列表中选择"嵌入音频"命令，如图 17-76 所示。选择音乐"美味活泼"，参考示例幻灯片调整音频图标到合适位置。

图 17-76　插入音频

在"音频工具"选项卡中勾选"循环播放，直至停止"和"放映时隐藏"复选框，选中"跨幻灯片播放"单选按钮，如图 17-77 所示。

图 17-77　"音频工具"选项卡

17.5.4　动画效果设置

（1）设置第二张幻灯片的文本的进入方式为"挥鞭式"，效果选项为"整批发送"，动画时间为"上一动画之后"，持续时间为 0.5 秒。

步骤 1：选择左边第二张幻灯片，为文本设置动画。单击"动画"→"动画样式"→"其他"按钮，在"进入"下拉列表中选择"华丽型"下的"挥鞭式"，如图 17-78 所示。

步骤 2：在右侧自定义窗格第一个动画下拉列表中选择"从上一项之后开始"命令，选择"效果"选项卡，将"动画文本"选择为"整批发送"，如图 17-79 所示，单击"确定"按钮，第二张幻灯片设置完成。

（2）设置第三张幻灯片的文本的进入方式为"挥舞"，效果选项为"按字母"，动画时间为"上一动画之后"，持续时间为 0.5 秒。

选择左边第三张幻灯片，为文本设置动画。单击"动画"→"动画样式"→"其他"按钮，在"进入"下拉列表中选择"温和型"下的"下降"。在右侧自定义窗格第一个动画下拉列表中选择"从上一项之后开始"命令，选择"效果"选项卡，将"动画文本"选择为"按字母"，单击"确定"按钮。

（3）第三张幻灯片的图片动画设置。小鸡炖蘑菇.jpg 的进入设置为"弹跳"，动画时间为"上一动画之后"，持续时间为 2 秒。小鸡炖蘑菇.jpg 的强调设置为"闪烁"，动画时间为"上一动画之后"，持续时间为 0.5 秒。小鸡炖蘑菇.jpg 的退出设置为"擦除"，效果选项为"自底部"，动画时间为"上一动画之后"，持续时间为 0.5 秒。

进入

基本型

动态数字	百叶窗	擦除	出现	飞入	盒状	缓慢进入	阶梯状
菱形	轮子	劈裂	棋盘	切入	闪烁一次	扇形展开	十字形扩展
随机线条	随机效果	向内溶解	圆形扩展				

细微型

渐变	渐变式回旋	渐变式缩放	展开

温和型

翻转式由...	回旋	渐入	上升	伸展	升起	缩放	下降
压缩	颜色打字机	展开	中心旋转				

华丽型

弹跳	放大	飞旋	浮动	光速	滑翔	挥鞭式	挥舞
空翻	螺旋飞入	曲线向上	投掷	玩具风车	线形	旋转	折叠
字幕式							

图 17-78　设置动画

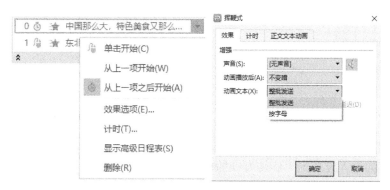

图 17-79　动画效果设置

步骤 1：选择"小鸡炖蘑菇.jpg"图片，单击"动画"→"动画样式"→"其他"按钮，在"进入"下拉列表中选择"华丽型"下的"弹跳"。在右侧自定义窗格第二个动画下拉列表中选择"从上一项之后开始"命令，在"计时"选项卡下选择"速度"为"中速（2 秒）"，如

图 17-80 所示，单击"确定"按钮。下面设置第二个动画（锅包肉.jpg）。

图 17-80　计时设置

步骤 2：单击"自定义动画"窗格的"添加效果"（图 17-81），在"强调"下拉列表中选择"华丽型"→"闪烁"；在自定义窗格第三个动画下拉列表中选择"从上一项之后开始"；在"计时"选项卡的"速度"项选择"非常快（0.5 秒）；单击"确定"按钮。下面设置第三个动画。

步骤 3：单击"自定义动画"窗格的"添加效果"，在"退出"下拉列表中选择"基本型"→"擦除"；在自定义窗格第四个动画下拉列表中选择"从上一项之后开始"；选择"效果"选项卡，在"设置"区域的"方向"下拉列表中选择"自底部"，如图 17-82 所示；在"计时"选项卡的"速度"项选择"非常快（0.5 秒）；单击"确定"按钮。

图 17-81　添加动画

图 17-82　擦除效果设置

其他文本和动画的设置方法同"小鸡炖蘑菇.jpg"图片，设置要求如下：

锅包肉.jpg 的进入设置为"旋转"，动画时间为"从上一项之后开始"，持续时间为 2 秒。锅包肉.jpg 强调设置为"陀螺旋"，动画时间为"从上一项之后开始"，持续时间为 2 秒。锅包肉.jpg 退出设置为"上升"，动画时间为"从上一项之后开始"，持续时间为 1 秒。

（4）第四张幻灯片。

文本的进入设置为"挥鞭式"，效果选项为"整批发送"，动画时间为"从上一项之后开始"，持续时间为 0.5 秒。

长春冷面.jpg 的进入设置为"劈裂",效果选项为"左右向中央收缩",动画时间为"从上一项之后开始",持续时间为 0.5 秒。

长春冷面.jpg 的强调设置为"跷跷板",动画时间为"从上一项之后开始",持续时间为 0.5 秒。

长春冷面.jpg 的退出设置为"劈裂",效果选项为"左右向中央收缩",动画时间为"从上一项之后开始",持续时间为 0.5 秒。

长春白肉血肠.jpg 的进入设置为"飞入",效果选项为"自左侧",动画时间为"从上一项之后开始",持续时间为 0.5 秒。

长春白肉血肠.jpg 的强调设置为"闪烁",动画时间为"从上一项之后开始",持续时间为 1 秒。

长春白肉血肠.jpg 的退出设置为"盒状",效果选项为"外",动画时间为"从上一项之后开始",持续时间为 2 秒。

（5）第五张幻灯片。

文本的进入设置为"挥舞",效果选项为"按字母",动画时间为"从上一项之后开始",持续时间为 0.5 秒。

沈阳满汉全席.jpg 的进入设置为"上升",动画时间为"从上一项之后开始",持续时间为 1 秒。

沈阳老边饺子.jpg 的进入设置为"下降",动画时间为"从上一项开始",持续时间为 1 秒。

沈阳满汉全席.jpg 的动作路径设置为"向右",动画时间为"从上一项之后开始",持续时间为 2 秒。

沈阳老边饺子.jpg 的动作路径设置为"向左",动画时间为"从上一项开始",持续时间为 2 秒。

沈阳满汉全席.jpg 的退出设置为"随机线条",动画时间为"从上一项之后开始",持续时间为 0.5 秒。

沈阳老边饺子.jpg 的退出设置为"随机线条",动画时间为"从上一项开始",持续时间为 0.5 秒。

（6）第六张幻灯片。

文本的进入设置为"挥鞭式",效果选项为"按字母",动画时间为"从上一项之后开始",持续时间为 0.5 秒。

地三鲜.jpg 的进入设置为"渐变式缩放",动画时间为"从上一项之后开始",持续时间为 0.5 秒。

地三鲜.jpg 的退出设置为"渐变式缩放",动画时间为"从上一项之后开始",持续时间为 0.5 秒。

哈尔滨红肠.jpg 的进入设置为"渐变式缩放",动画时间为"从上一项之后开始",持续时间为 0.5 秒。

哈尔滨红肠.jpg 的退出设置为"渐变式缩放",动画时间为"从上一项之后开始",持续时间为 0.5 秒。

长春雪衣豆沙.jpg 的进入设置为"渐变式缩放",动画时间为"从上一项之后开始",持续时间为 0.5 秒。

长春雪衣豆沙.jpg 的退出设置为"渐变式缩放",动画时间为"从上一项之后开始",持续时间为 0.5 秒。

开江鱼.jpg 的进入设置为"渐变式缩放",动画时间为"从上一项之后开始",持续时间为 0.5 秒。

开江鱼.jpg 的退出设置为"渐变式缩放",动画时间为"从上一项之后开始",持续时间为 0.5 秒。

（7）第七张幻灯片。

艺术字的进入设置为"翻转式由远及近",效果选项为"整批发送",动画时间为"从上一项之后开始",持续时间为 1 秒。

艺术字的强调设置为"陀螺旋",效果选项为"整批发送",动画时间为从上一项之后开始",持续时间为 2 秒。

17.5.5　幻灯片切换效果设置

（1）第一张幻灯片切换效果为"溶解",持续时间为 1 秒,换片方式为"自动换片"。

选择第一张幻灯片,单击"切换"→"溶解"按钮,在"速度"栏中输入 01.00,勾选"自动换片"复选框,如图 17-83 所示。

图 17-83　切换效果设置

（2）请参照要求自己设置第二张至第七张幻灯片的切换效果。

1）第二张幻灯片切换效果为"溶解",持续时间为 1 秒,换片方式为"自动换片"。

2）第三张幻灯片切换效果为"抽出",效果选项为"从右",持续时间为 4 秒,换片方式为"自动换片"。

3）第四张幻灯片切换效果为"随机",持续时间为 4.4 秒,换片方式为"自动换片"。

4）第五张幻灯片至第七张幻灯片的设置相同,具体设置如下:切换效果为"淡出",效果选项为"平滑",持续时间为 1 秒,换片方式为"自动换片"。

参考文献

[1] 张伟利，何钰娟，朱烨，等. 中国大学 MOOC——Office 高级应用. 成都信息工程大学.

[2] 王立松，潘梅园，朱敏. 大学计算机实践教程[M]. 北京：电子工业出版社，2014.

[3] 周丽娟，纪澍琴. 大学计算机基础[M]. 北京：科学出版社，2012.

[4] 李健苹. 计算机应用基础教程[M]. 北京：人民邮电出版社，2016.

[5] 刘志敏. 计算机应用基础教程[M]. 北京：清华大学出版社，2015 年 10 月.

[6] 段永平，陈海英，安远英. 计算机应用基础教程[M]. 北京：清华大学出版社，2017.

[7] 刘志强. 计算机应用基础教程[M]. 北京：机械工业出版社，2018.

[8] 战德臣，聂兰顺. 大学计算机[M]. 北京：电子工业出版社，2013.

[9] 欧丽辉，孙壮桥. 计算机应用基础教程[M]. 北京：中国金融出版社，2017.

[10] 杨海波，侯萍，俞炫昊. 大学计算机基础实践教程[M]. 北京：科学出版社，2012.

[11] 吴兆明. 计算机应用基础教程[M]. 北京：人民邮电出版社，2018.

[12] 黄和，蔡洪涛. 计算机应用基础教程[M]. 北京：科学出版社，2017.

[13] 周晶. 计算机应用基础实践教程[M]. 北京：清华大学出版社，2013.

[14] 陈娟. 计算机应用基础实践教程[M]. 北京：电子工业出版社，2017.

[15] 李晓艳，郭维威. 计算机应用基础实践教程[M]. 北京：人民邮电出版社，2016.